U0116233

信息网模型 INM 研究

胡　婕　刘梦赤　著

科学出版社

北　京

版权所有，侵权必究

举报电话：010-64030229；010-64034315；13501151303

内 容 简 介

本书围绕非结构数据元数据的语义建模过程中涉及的问题展开研究与讨论. 主要内容包括：非结构数据的相关概念及其在语义表示和搜索方面存在的问题和研究现状；针对存在的问题提出新的数据模型 INM，介绍 INM 的基本概念并将它与面向对象模型和角色模型进行比较，总结 INM 的特色；介绍 INM 的模式语言和实例语言的语法，重点研究其形式化语义；分析基于不同模型和针对不同逻辑结构数据的查询语言的特点及存在的问题，介绍专门针对 INM 所设计的查询语言 IQL，重点研究其语法和形式化语义，总结 IQL 的特色；介绍以 INM 为概念模型的数据库管理系统 INM-DBMS 原型的系统结构及设计与实现；最后以两个典型的领域全面地展示如何用 INM 建模及它们在 INM-DBMS 中的应用.

本书通过实例说明原理，对从事数据库、信息建模以及语义网研究的专业教帅和科阽人员具有重要的参考价值，还可以作为计算机、信息技术等专业的大学生、研究生学习、研究的参考资料.

图书在版编目（CIP）数据

信息网模型 INM 研究/胡婕，刘梦赤著. —北京：科学出版社，2011.6
 ISBN 978-7-03-031203-7

Ⅰ.①信…　Ⅱ.①胡…②刘…　Ⅲ.①信息网络-数据模型-研究　Ⅳ.①G202

中国版本图书馆 CIP 数据核字（2011）第 100287 号

责任编辑：曾　莉/责任校对：董艳辉
责任印制：彭　超/封面设计：苏　波

科 学 出 版 社 出版
北京东黄城根北街 16 号
邮政编码：100717
http://www.sciencep.com

武汉市科利德印务有限公司印刷
科学出版社发行　各地新华书店经销

*
2011 年 6 月第　一　版　开本：B5(720×1000)
2011 年 6 月第一次印刷　印张：14 1/4
印数：1—2 000　　字数：280 000

定价：45.00 元
（如有印装质量问题，我社负责调换）

前　言

随着互联网技术的迅猛发展,各行各业面临的信息呈现爆炸式增长,非结构化数据的管理被广泛认为是信息技术产业亟待解决的一个重要问题. 美林公司的统计资料表明,全球 15％ 左右的信息有效地存储在各种类型的结构化数据库中,但是还有 85％ 的信息是非结构化的. 如何有效地管理大量的非结构化数据,对其进行有效的分析、储存、管理和搜索,这些相关理论研究只是处于起步阶段. 其中,最突出的是非结构数据的搜索问题. 一方面现有的方法不能解决非结构数据的搜索问题,另一方面管理结构化数据的数据库技术又不能直接应用在非结构化数据上,因此迫切需要崭新的非结构数据管理的概念、方法、技术和理论从根本上解决这一问题.

本书以作者攻读博士学位期间所在实验室承担的国家杰出青年科学基金(外籍)项目——“非结构数据管理的理论基础和系统实现”为研究背景,主要围绕非结构数据的元数据语义建模这一目标展开讨论. 从数据模型、建模语言、查询语言、系统实现和应用多个方面深入系统地研究了非结构数据的理论模型、逻辑基础和方法论.

全书共分为 6 章. 第 1 章介绍非结构数据的相关概念,分析非结构数据在语义表示和搜索方面存在的问题,国内外主流数据模型的研究现状以及它们在表示非结构数据元数据方面存在的不足. 第 2 章首先以具体的应用示例讨论分析对象模型(OMs)和角色模型(RMs)存在的问题,提出新的数据模型——信息网模型(简称 INM);然后介绍 INM 的主要概念及其如何解决其他模型存在的问题;最后对面向对象模型、角色模型和 INM 进行比较并总结了 INM 的特色. 第 3 章介绍 INM 的模式语言和实例语言的语法,针对建模语言简洁、高度集成但是能表达丰富的语义的特点,重点研究了其形式化语义. 第 4 章首先系统地研究基于不同模型和针对不同逻辑结构数据的主流查询语言,如 OQL、XPath、XQuery、GOQL、GraphQL 等,对它们的特点进行概括和总结并分析它们存在的问题及设计新的查询语言的必要性;然后介绍专门针对 INM 所设计的查询语言(简称 IQL),阐述 IQL 的语法和形式化语义;最后对 IQL 的次要功能进行说明并总结 IQL 的特色. 第 5 章介绍以 INM 为概念模型所设计的数据库管理系统(简称 INM-DBMS)原型,它提供了完善的建模语言和查询语言对元数据进行定义、操纵、管理和查询. 研究 INM-DBMS 的系统结构及通信层、逻辑层和物理层各个功能模块的设计与实现,介绍系统的开发和运行环境.第 6 章以"DBLP"和"电影多媒体"两个典型的领域全面地展示如何用 INM 建模及它们在 INM-DBMS 中的应用,最后以具体的应用为例介绍原型系统中 Java 客户端的功能.

本书具有重要的应用价值.书中以对非结构数据需求较大的领域(如教育机构、政府部门、科研机构、娱乐圈)相关的非结构数据(如科研项目、论文、学术会议、电影、音乐、奖项)为研究对象,分析现有非结构数据语义搜索存在问题和提出新的数据模型的必要性.此外,对模型的建模语言和查询语言的设计始终坚持实用、直接、自然、与现实世界一一对应的原则.这些特点使得本书提出的模型可以推而广之应用于很多类似的领域.

本书具有较为重要的理论价值.书中的许多研究成果,特别是对现有语义数据模型表达能力和特点的分析和总结,对新模型及其建模语言和查询语言的逻辑基础和形式化语义的研究都是先期研究从未涉及的,具有原创性.本书的研究涉及数据库、信息建模、语义网等多个学科领域,因此从这个角度讲,本书极大地丰富了这些学科领域对非结构数据管理的探索研究,对学科的深度发展将产生推动作用.

本书的出版得到国家杰出青年科学基金(外籍)项目("非结构数据管理的理论基础和系统实现")和 973 计划项目("需求工程——对复杂系统的软件工程的基础研究")的资助,也得到我的博士导师刘梦赤教授的悉心指导和鞭策、鼓励.此外,书中参考了许多学者的研究成果,在此一并表示衷心的感谢.

限于作者学识水平,书中不足和疏漏之处在所难免,敬请同行和读者批评指正.

胡　婕

2011 年 2 月 23 日

目　　录

第1章 绪 论

1.1 研 究 背 景

本书的研究主要来源于国家杰出青年科学基金(外籍)项目——"非结构数据管理的理论基础和系统实现(No. 60688201)".

非结构数据是指那些无法用计算机识别其结构的计算机化的信息. 这类数据通常包括非结构文本、字处理文本文件, PowerPoint 演示文件, 图像、音频以及视频文件等; 它主要出现在电子邮件、备忘录、备注、新闻、聊天记录、报告、信件、综述、白皮书、市场资料、研究论文、演示稿、网页中. 非结构数据广泛地存在于 PC、服务器、内联网以及互联网上.

根据美林公司估计全球 85% 的信息是非结构化的, 目前还没有成熟的技术和产品对其进行有效的存储、管理、分析和搜索, 其相关理论研究也只是处于起步阶段. 该项目以 PC、服务器、内联网和互联网的非结构数据管理为需求导向, 目的是要设计出一种新型的数据模型来描述非结构数据元数据之间的各种语义关系, 基于该模型设计相应的数据定义、数据操纵、数据查询语言并研究其逻辑基础, 以有效地存储、管理、维护和推理非结构化数据, 并基于语境、语义和元数据之间的各种复杂关系进行搜索.

在项目的研究过程中, 首先考虑非结构数据的搜索问题. 目前主要有三种方法:

(1) 关键字检索. 首先在文档中建立关键字的倒排索引, 然后根据用户提供的关键字进行搜索, 返回关键字所对应的网页或文档列表, 最著名的是 google 和 baidu 等. 这种方法的主要问题是缺乏语境及语义支持, 不考虑网页文档之间的各种关系, 搜索的结果往往是海量但不相关的数据.

(2) 文档分类. 首先用树形层次分类目录对网页和文档进行分类, 用户可以沿着分类目录的层次结构找下去, 直到找到他们所需要的网页或文档; 也可以直接用关键字搜索, 返回关键字对应的网页或文档列表及其所属的分类; 还可以在某个特定的分类下用关键字搜索, 返回关键字在该目录下对应的网页或文档列表. 最著名的是由 Yahoo 创建的 Web 目录①和开放目录计划(DMOZ)②等. 这种方法在一定程度上能够表示非结构数据的结构化语义,主要问题在于分类目录靠人工建立和维护,效率比较低下;分类目录的逻辑结构是树结构,信息的分类不符合自然的思维习惯,用户往往不能决定如何进行文档分类,而且在查找时所选择类别不一定正好是文档所属的类别,因而往往找不到需要的信息. 此外,分类目录所能表达的语义有限,因而无法提供丰富的语义搜索功能.

(3) 文档内容智能化. 用基于统计和机器学习方法的自动分类工具从非结构数据中自动选择重要的概念,生成元数据将文档进行自动分类,建立和维护这些分类层次,并提供复杂的用户接口来根据分类层次浏览文档. 其主要问题是无用户参与的这些分类系统的精确率很低,而且无法获取非结构数据元数据之间各种自然复杂的联系.

非结构数据的语义搜索是在获得了被搜索数据元数据的语义基础上,通过对语义进行直接、自然地表示和处理以后,才能伸得搜索的结果在意义上,而不仅仅是在语法或结构上满足搜索的需求. 用户经常会变换着使用各种关键字的组合,希望能从搜索引擎那里得到所需要的结果,可往往是无功而返. 例如,当一个不知道武汉大学校长是谁的用户想找有关武汉大学校长的信息时,输入"武汉大学校长"得到的只是一些匹配"武汉大学校长"关键字的网页或文档. 搜索引擎并不能直接告诉用户谁是武汉大学校长,用户需要自己在结果中做"第二次"、"第三次",甚至"第 n 次"的过滤才能满足自己的需求. 用户希望系统可以直接把"顾海良"告诉用户,虽然"顾海良"在关键字意义上是不匹配的. 这里的关键在于,搜索引擎必须能够理解"武汉大学校长"是非结构数据元数据中的一个概念,而"顾海良"是这个概念的实例. 也就是说,系统必须能够从语义上处理查询. 因此,如何自然、直接地表示非结构数据元数据的语义是需要解决的首要问题.

通过对教育机构、政府部门、科研机构、科研项目、论文、学术会议、电影、音乐和奖项等领域非结构数据的元数据进行调查、研究和建模,会发现元数据之间存在各种复杂、动态的关系,而且通过这些关系可以自动获得元数据的上下文语境信息. 利用元数据之间的这些关系及语境信息可以得到更精准、更有意义的搜索结果.

以与大学领域相关的元数据为例,"大学"、"校长"、"教授"、"博士生"、"科研项目"这五个概念之间的语义可以抽象为:大学有校长、教授、博士生三类人;校长是人的职务,教授是在大学工作的一类人的职称,博士生是就读于某所大学的学生的身份;校长、教授、博士生还分别是拥有校长职务、教授职称、博士生身份的一类人;

---

① Yahoo Directory. Http://dir.yahoo.com/.

② Domz. Http://www.dmoz.org/.

教授指导博士生并主持科研项目;反之,博士生的导师是教授;科研项目有主持人和参与者. 对于某个具体的大学而言,元数据对象之间的语义可以抽象为:武汉大学的校长是顾海良,他同时也是武汉大学的教授,武汉大学还有博士生张新和郑吉伟;反之,校长顾海良的职务是武汉大学的校长,作为校长他的任职开始年份是2008年;教授顾海良在武汉大学工作其职称是教授,作为教授他指导博士生张新并且主持了项目"斯大林社会主义建设理论与实践研究";博士生张新就读于武汉大学,其身份是博士生,作为博士生他的导师是顾海良并且参与了项目"斯大林社会主义建设理论与实践研究";国家"九五"社科基金资助项目"斯大林社会主义建设理论与实践研究"的主持人是顾海良,参与者有张新和郑吉伟. 如果上述元数据的语义已经明确地表示如下:

大学 武汉大学 [

    校长:顾海良,

    教授:顾海良,

    博士生:{张新,郑吉伟}]

{校长,教授} 顾海良 [

    职务:武汉大学.校长 [开始年份:2008],

    工作单位:武汉大学 [职称:教授 [

        指导博士生:张新,

        主持项目:斯大林社会主义建设理论与实践研究]]]

博士生 张新 [

    就读于:武汉大学 [身份:博士生 [

        导师:顾海良,

        参与项目:斯大林社会主义建设理论与实践研究]]]

国家"九五"社科基金资助项目 斯大林社会主义建设理论与实践研究 [

        主持人:顾海良,

        参与者:{张新,郑吉伟}]

那么要搜索"武汉大学的校长"、"顾海良的职务"、"顾海良的博士生参与的项目的主持人和参与者"等就能非常直接、自然地表示如下:

武汉大学 // 校长:$x

顾海良 // 职务:$x

顾海良 // 指导博士生:$x // 参与项目:$y [主持人:$z,参考者:$t]

搜索的结果会更有意义.

    以上述需求为导向,下面将深入系统地研究国内外主流数据模型,希望能直接用它们建模. 考虑上述例子,"校长"这一概念除了表示一类人如顾海良,还表示从"武汉大学"到"顾海良"之间的一种关系,同时还表示顾海良在武汉大学所扮演的角色. 这三者之间存在内在的联系,通过这些内在的联系可以获得元数据的上下文,进而可以自然地表示上下文语境信息. 但是发现现有主流数据模型都无法同时直接、自然地支持元数据的复杂动态关系、多刻面、动态演化和上下文语境信息表示和访问这几个非常重要的特性. 所以,研究出一种新的能直接、自然地表达非结构数据元数据之间的各种语义关系的数据模型,从而基于该模型设计出其相应的建模语言和查询语言,研究它们的逻辑基础,并基于语义、语境和非结构化数据元数据之间的各种复杂关系进行搜索成为本书的研究重点.

1.2　国内外研究现状

数据模型的研究并不是一个新课题,从 20 世纪 70 年代开始它就成为数据库领域的热点研究问题之一.

迄今为止最著名、使用最广泛的数据模型是 1970 年由 Codd 提出的关系模型(Relational Model,简称 RM)[1-5]. 关系模型的主要优点在于它建立在严格的数学理论基础上,概念单一,无论实体或实体之间的联系都用二维表格结构表示. 但是"概念单一"也使得关系模型无法直接、自然地模拟现实世界中实体之间的各种复杂联系,更加无法支持上下文语境信息的表示. 同时,实体联系的语义关系无法在模式中显式地表示出来,而要求用户通过自己的理解从语义上操纵这些联系. 这对于建模人员的要求比较高,客观上需要有更高级的概念语义模型来辅助建模.

为了满足概念建模的需求,1975 年 Peter P. Chen 提出了实体-联系模型(Entity Relationship Model,简称 ER)[6-15],ER 模型将现实世界中的概念抽象成实体、联系和属性,概念之间的所有语义关系都用这三者表达. 它简化了信息建模的过程,在数据库概念层设计方面得到了广泛的应用,也是迄今为止在数据库领域使用最广泛的语义模型之一. 从 1979 年开始很多研究者在各个方面对 ER 模型进行了扩展,并提出了 EER 模型[16-32]. 例如,文献[18,33,34]等对抽象机制如泛化(generalization)和特化(specialization)进行了扩展;文献[35]扩展了三元关系和复合属性;文献[36,37]等在基数约束(cardinality)和一般完整性约束方面进行了扩展. 但是无论是 ER 模型还是 EER 模型,对于"联系"的表示,最复杂只能支持带属性的联系. 而对于复杂联系,如层次结构的联系和联系的派生类等都无法表示.

除了 ER 模型外,同时期有些学者还提出了其他语义模型. 1976 年 Kerschberg 等提出了 Functional Data Model,简称 FDM[38],FDM 不支持聚合和分组,对象之间的联系直接用属性表示,它是第一个基于属性的语义模型,FDM 的最大特点是直接参照函数操纵数据属性. 后来有些研究者对 FDM 进行了扩展,例如,Shipman 在 FDM 中引进了派生模式的概念[39];Dayal 等提出了 FDM 模式基于图的非形式化表示[40]. 1978 年 Hammer 等提出了 Semantic Data Model,简称 SDM[41,42],SDM 提供了丰富的派生属性和派生子类基本元素,它是第一个支持分组构造函数和派生模式的语义模型. SDM 比 ER 模型更复杂、表达能力也更强大.

FDM 和 SDM 与 ER 模型的最大不同在于,ER 模型是面向联系而 FDM 和 SDM 是面向属性的,它们简化了 ER 中的联系,因此同样也无法支持复杂联系.

随着面向对象的程序设计的流行,20 世纪 80 年代开始,面向对象模型 (Object-Oriented Model,简称 OOMs)[43-56]成为研究的热点. 在各种面向对象模型中,将 ER 模型中的实体抽象为"对象",并且主要围绕对象开展研究,如对象标识、复杂对象、对象分类、对象聚合、类泛化和特化、非单调继承、覆盖和重载等. 在传统的面向对象模型中,一个对象只能是一个类的实例[45,55],这导致对象无法改变其类从属关系,从而只能表达对象的静态特性而无法表现其动态演化特性. 为解决这些问题,有些面向对象模型支持不相交类的多继承,但是多继承会导致子类的组合爆炸[57-59]. 为避免多继承子类的组合爆炸问题,有些面向对象的模型支持多分类,但是它们无法支持对象的上下文语境信息表示. 90 年代开始,各种针对传统的面向对象模型存在的这些问题所提出的数据模型成为研究的热点.

为了刻画现实世界中对象的动态演化、多刻面、上下文语境信息特性,研究者们提出了各种角色模型(Role Models,简称 RMs)[57-71]. 角色模型的最大特点是将面向对象模型中的类分为两种:对象类和角色类. 对象类用来表示对象的静态特性;角色类用来表示对象类所扮演的角色,一个对象可以扮演多个角色,角色主要强调对象的动态、多刻面特性. 角色类和对象类都可以有分类层次,对象类的分类层次表示对象的静态分类,而角色类的分类层次表示对象的动态分类. 对象类的继承体现在模式级别,而角色类的继承体现在实例级别. 此外,角色类还支持简单的上下文语境信息访问. 角色模型主要存在以下两个方面的问题:

(1) 为了能够表示对象的多刻面和上下文语境信息特性,现实世界中一个实体的信息只能分散地表示在一个对象实例和多个层次结构的角色实例中,这种表示和现实世界的概念并不完全对应. 也就是说,尽管它能表现对象的动态演化、多刻面、简单的上下文语境信息访问特性,但是表示并不自然.

(2) 它们只能孤立地表示对象所扮演的角色而无法表示对象在关系所处的语境中所扮演的角色.

Terry Halpin 等在面向对象模型的基础上提出了对象角色模型(Object Role Model,简称 ORM)[72-81],ORM 将数据描述为不可再分割的事实,它是一种基于事实的模型. ORM 主要有两个特点:

(1) 它不显示地表示属性,属性和关系都统一地表示为角色,将现实世界的概念抽象为具有角色的一组对象.

(2) ORM 用直观的图形或者自然语言来分析对象和角色之间的语义,对用户来说使用起来更方便.

需要注意的是对象角色模型中的"角色"和角色模型中"角色"是两种不同的概念,对象角色模型中的"角色"是属性和关系的统一表示,而角色模型中"角色"通常是对象类的动态子类. 从建模的表现方式角度看,ORM 比 ER 模型和 OOMs 更直观. 但是由于 ORM 设计者的初衷是针对商业领域数据库系统的概念,为数据建模提供更简单、直接、灵活的方式,因此在表达复杂动态联系、上下文语义语境相关表示等方面与上述模型相比并没有优势.

1995 年,彭智勇等提出了对象代理模型(Object Deputy Model)[82-85],对象代理模型通过引入代理类和代理对象的概念对传统的面向对象数据模型进行了扩展. 代理类用来描述代理对象的模式,代理对象用来扩展和定制其源对象. 对象代理模型能够提供特化、泛化、聚合和分组等抽象机制,实现对象视图、角色多样性及对象迁移等功能,因此它比传统的面向对象模型更加灵活. 但是用对象视图的机制将一个对象的信息拆分成多个代理对象来表达对象的多刻面和迁移特性与现实世界中的对象概念也不能一一对应,因此这种建模方法的主要问题是表示不自然.

综上所述,以上模型都无法同时直接、自然地支持复杂关系、多刻面、动态演化及上下文语境信息表示和访问这几个非常重要的特性.

1.3　主要研究内容

虽然语义数据模型的研究在数据库领域并不是一个新兴的研究方向,但是并没有专门针对非结构数据的元数据进行建模并且能够满足项目需求的数据模型能直接为我们所用. 本书主要围绕非结构数据的元数据建模这一课题开展了全面、深入、系统的研究,所涉及的内容主要包括数据模型、建模语言和查询语言及其逻辑基础、模型的实现及其应用. 主要研究成果包括以下内容:

(1) **数据模型**. 以非结构数据的元数据语义建模为需求导向,全面细致地分析了现有数据模型存在的问题,研究如何更自然、直接地表示元数据之间的各种复杂的关系和上下文语境信息. 提出了信息网模型(Information Networking Model,简称 INM)[86-89],它克服了现有数据模型存在的问题,能更好地满足项目的需求.

(2) **建模语言**. 针对 INM 的特点提出了相应的建模语言[89,90],该语言具有语法简单、集成度高、语义丰富、表达力强等特点. 此外,还研究了 INM 建模语言的逻辑基础,并对建模语言的语义进行了详尽的形式化描述.

(3) **查询语言**. 全面地分析了现有经典流行的查询语言和基于图结构数据模型的查询语言的特点,针对 INM 提出了一种新颖、功能强大、表达能力强的查询语言 IQL[91-93],详尽介绍了其语法和形式化语义.

(4) **模型的实现**. 介绍了项目组开发的基于 INM 的数据库管理系统(INM-DBMS)的设计与实现,包括其系统结构、系统设计和系统实现.

(5) **模型的应用**. 用 INM 对 DBLP 和电影多媒体建模并展示了它们在 INM-DBMS 中的应用.

第 2 章

信息网模型INM

本章以具体的应用示例分析了面向对象模型和角色模型存在的问题,并提出了一种新的数据模型——信息网模型,介绍了信息网模型的相关概念并总结了它与其他模型相比较的优势及其创新点.

2.1　问题分析

经过全面、深入地调查研究大学相关领域非结构数据的元数据对象之间的语义关系,可以发现元数据对象之间存在着各种复杂的关系,基于这些关系对象扮演着不同的角色,通过这些关系中的角色可以自动地获得元数据对象的上下文,进而能自然地展现各种上下文语境信息. 1.2 节所述的数据模型,如关系模型、ER 模型、EER 模型、FDM、SDM、面向对象模型、角色模型、对象角色模型、对象代理模型,都过度简化甚至忽略了这些关系,或者只考虑对象所扮演的角色及角色的属性而不考虑角色所在的关系. 因此,它们无法直接、自然地模拟对象与对象、对象与关系以及关系与关系之间的各种关系,也无法支持上下文语境信息的表示和访问.从这几个方面来说,它们只能对现实世界进行部分建模而无法在现实世界和数据模型之间建立一一对应的关系.

下面以一个具体的例子来分析面向对象模型和角色模型在上述几个方面存在的问题. 选定这两个模型,主要原因是本书所提出的模型是基于面向对象模型的,同时还借鉴了角色模型中的一些思想. 换句话说,面向对象模型和角色模型与本书所提出的模型最接近.

考虑大学元数据对象建模的应用示例:大学有各种各样的人,如校领导、教师、学生. 校领导有任期、办公室、开始年份并且可特化为校长和副校长;反之,若某个人扮演某个大学的校领导、校长或者副校长角色,他就在该校担任相应的职务. 教师有开始年份并且可特化为讲师和教授等;反之,若某个人扮演某个大学的讲师或者教授角色,他就在该大学工作并且职业是教师且获得相应的职称. 学生有学号并且可特化为研究生和本科生,研究生的导师是教授并且可以特化为硕士生和博士生;反之,教授指导研究生. 若某个人扮演某个大学的学生、研究生、硕士生或者博士生角色,他就在该校学习并且获得相应的身份. 大学还可能有各种校队,校队有运动员和副教练. 运动员有开始年份并且他们必须是本科生;反之,若某个人扮演某个校队的运动员角色,他就是该校队的成员之一. 课程有学分、先行课、其授课者是教师、选课者是学生,并且可以特化为研究生课程和本科生课程;反之,课程有后续课程、教师讲授课程、学生选修课程. 本科生课程的选课者是本科生,研究生课程的选课者是研究生;反之,本科生选修本科生课程,研究生选修研究生课程.

面向对象模型主要强调对象分类、复杂对象、类泛化和特化、类层次和继承等. 有些面向对象模型要求一个对象只能是最相关类的实例,这导致对象无法改变其类从属关系,故只能表达对象的静态特性. 有些面向对象模型支持不相交类的多继承,它们虽然能改变类从属关系,但是多继承会导致子类的组合爆炸. 有些面向对象的模型支持多分类,它们能解决多继承所导致的子类组合爆炸,但是无法支持对象的上下文语境信息访问.

用面向对象模型对上述应用建模,可以用如图 2.1 所示来表示模式和实例. 如果想表示 Bob 既是 MIT 大学的校长和教授,又是女子篮球队副教练,可以用多分类来表示.

对象 Bob 的表示如图 2.1(b)所示,Bob 在面向对象模型中的表示如下:

```
{校长,教授,副教练} Bob[
    年龄:45,
    大学:MIT,
    任期:2,
    办公室:L-202,
    校队:女子篮球队,
    开始年份:2001,
    开始年份:2007,
    开始年份:2005,
    讲授课程:高级数据库,
    指导研究生:{Ann,Amy}]
```

Bob 有属性"年龄"、"大学"、"任期"、"办公室"和"校队",此外他还与"高级数据库"有"讲授课程"关系,与 Ann 和 Amy 有"指导研究生"关系. 注意:这里有三个同名的属性"开始年份"无法区分,即无法得知三个"开始年份"分别对应于"校长"、"教授"、"副教练"三个类中的哪一个. 对于 Ben,情况也类似.

再考虑另外一种情况,如果想表示 Ann 既是 MIT 大学的硕士又是 UCB 大学的博士,同样可以用多分类来表示. 对象 Ann 的表示如图 2.1(b)所示,Ann 在面

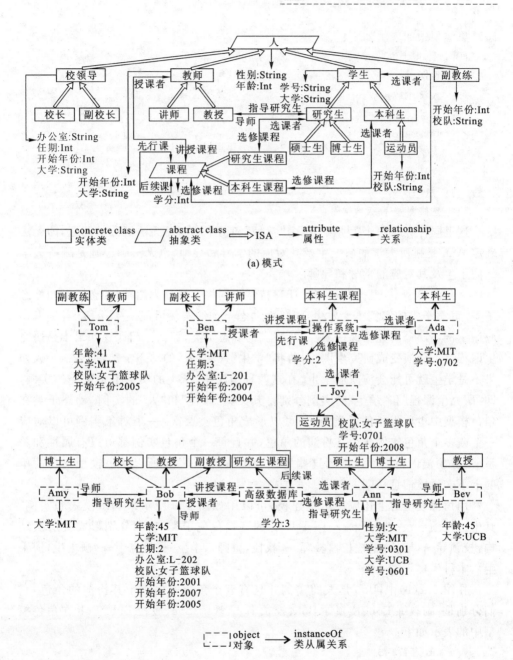

(a) 模式

(b) 实例

图 2.1 用面向对象模型建模示例

向对象模型中的表示如下：

{硕士生,博士生}Ann[

性别:女,

大学:MIT,

学号:0301,

导师:Bob,

大学:UCB,

学号:0601,

导师:Bev,

选修课程:高级数据库]

这里同样存在两个"大学"、两个"学号"和两个"导师"无法区分的问题,即无法确定 Ann 是哪所大学的硕士生及其对应的学号和导师,也无法确定她是哪所大学的博士生及其对应的学号和导师.

在角色模型中,根据对象演化迁移特性不同将子类分为两种:动态子类和静态子类.静态子类的实例不会发生迁移,而动态子类的实例可能发生迁移.对于上述应用示例,若将"研究生课程"视为"课程"的静态子类,那么一门课程如果不是研究生课程就不会演变成研究生课程;若将"学生"视为"人"的动态子类,那么一个人如果不是学生就可能会演变成学生.在这两种情况中,子类的实例也是父类的实例,即"研究生课程"和"学生"的实例分别是其父类"课程"和"人"的实例.动态子类在角色模型中也称为角色子类,它们可以形成角色类层次.一个对象实例可以对应一个或多个角色实例作为其扮演的角色,并且每一个角色实例都可以有属性和关系.对象扮演的角色可以视为这些属性和关系的上下文,所以角色模型支持简单的上下文语境信息访问.

用角色模型对上述应用示例建模,可以用如图 2.2 所示来表示模式和实例.其中,"校领导"、"教师"、"学生"是"人"的直接角色子类,它们分别形成类层次结构:校领导→{校长,副校长},教师→{教授,讲师},学生→{研究生→{硕士生,博士生},本科生}.

在图 2.2(b)中,Bob 是人的实例并且有五个角色实例表示其扮演的角色,它们分别是:副教练 Bob、校领导 Bob、校长 Bob、教师 Bob、教授 Bob. Bob 在角色模型中的表示如下:

人　　Bob[年龄:45]

校领导　校领导Bob roleOf Bob

校长　　校长Bob roleOf 校领导 Bob[·

大学:MIT,

任期:2,

办公室:L-202,

开始年份:2007]

教师　教师Bob roleOf Bob

教授　教授Bob roleOf 教师 Bob[

大学:MIT,

开始年份:2001,

讲授课程:高级数据库,

指导研究生:{Ann,Amy}]

副教练　副教练 Bob roleOf Bob[

校队:女子篮球队,

开始年份:2005]

三个同名的属性"开始年份"分别在"校长 Bob","教授 Bob","副教练 Bob"角色实例中用来表示 Bob 扮演"校长","教授","副教练"的开始年份. 对于实体 Ann,其表示如图 2.2(b)所示. Ann 在角色模型中的表示如下:

人　Ann[性别:女]

学生　学生Ann roleOf Ann

研究生　研究生Ann roleOf 学生Ann

硕士生　硕士生Ann roleOf 研究生Ann[

大学:MIT,

学号:0301,

导师:Bob,

选修课程:高级数据库]

博士生　博士生Ann roleOf 研究生Ann[

大学:UCB,

学号:0601

导师:Bev]

类似地,在面向对象模型中无法区分的"大学"、"学号"和"导师"分别在"硕士生 Ann"和"博士生 Ann"角色实例中.

角色模型将"校领导"、"教师"、"学生"等孤立地作为"人"的角色子类. 它虽然能够表达面向对象模型所无法支持的上下文语境信息,但是只支持最简单的表示. 对于上述应用中关于"若某个人扮演某个大学的校领导、校长或者副校长角色,他就在该校担任相应的职务"、"若某个人扮演某个大学的讲师或者教授角色,他就在该大学工作并且职业是教师且获得相应的职称"等复杂的上下文语境信息无法表示. 此外,一个人的信息分散地表示在多个对象中. 例如,实体 Bob 的信息分散地表示在一个对象实例 Bob 和五个角色实例"副教练 Bob"、"校领导 Bob"、"校长 Bob"、"教师 Bob"和"教授 Bob"中,而不是一个对象中,这种表示和现实世界中实体 Bob 的概念没有一一对应,因此表示不直接也不自然.

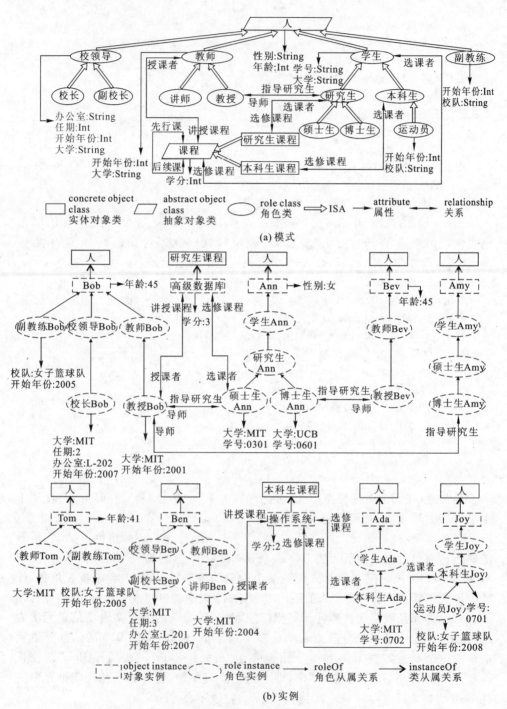

图 2.2　用角色模型建模示例

2.2 模型的概念

针对上述问题,本书提出了一种新的数据模型——信息网模型(Information Networking Model,简称 INM). INM 中有对象类和角色关系类,类和关系可以有不同特性的属性和关系. 现实世界的实体之间通过各种关系相连,形成各种自然的联系. 在 INM 中,将"大学"和"人"作为对象类,"校领导"、"教师"、"学生"及其子关系分别作为从"大学"到"人"的角色关系层次. 角色关系层次中的每一个角色关系都派生一个同名的角色关系类,派生的角色关系类的上下文可以根据在对应的角色关系上指定的上下文关系和角色标识自动获得. 此外,角色关系类的上下文语境信息由其上下文、上下文相关属性、上下文相关关系三部分组成. 以下章节将详细介绍 INM 的相关概念,并针对上述应用示例阐述如何用 INM 建模及其非形式化语义.

2.2.1 对象类

根据类的功能不同,INM 将类分为两种:对象类和角色关系类. 对象类用来描述元数据对象静态方面的特性,它可以形成静态子类层次并且支持继承(inheritance)和覆盖(overriding),见 3.3.2 小节. 对象类根据其能否被实例化,又分为抽象对象类和实体对象类,抽象对象类不能被实例化,而实体对象类可以被实例化.

INM 对 2.1 节所述应用建模的模式示例如图 2.3 所示. 其中,用矩形表示的"私立大学"、"公立大学"、"本科生课程"、"研究生课程"、"校队"和"人"是实体对象类,用平行四边形表示的"大学"和"课程"是抽象对象类. "研究生课程"和"本科生课程"是"课程"的静态子类,因为一门课程如果不是研究生课程就不会变成研究生课程,本科生课程也类似. 类似地,"公立大学"和"私立大学"是"大学"的静态子类.

INM 有四种关系,分别是角色关系、上下文关系、普通关系和上下文相关关系.

2.2.2 角色关系和上下文关系

INM 的创新点之一就是引入了新的机制直接、自然地表示复杂关系和基于这些关系且能反映元数据对象之间动态多刻面特性的上下文语境信息. 因此首先介绍角色关系.

角色关系(role relationship) r 表示一种从对象类 c 到对象类或者角色关系类

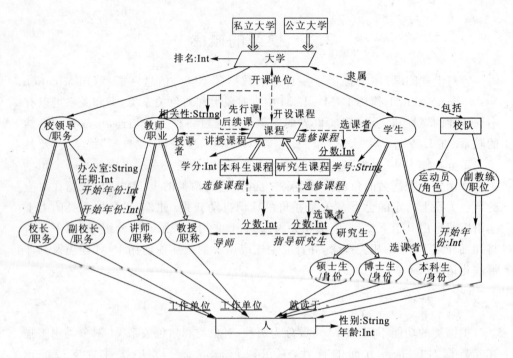

图 2.3　用 INM 建模的模式示例

c'的关系,其中 c 和 c' 分别称为 r 的源类(source class)和目标类(target class). 角色关系有两个功能:

(1) 作为连接源类 c 到目标类 c' 的实例之间的一种关系.

(2) 作为目标类 c' 的实例在与源类 c 的实例所产生的关系中扮演的角色.

例如,图 2.3 中用椭圆形表示的"校领导"、"校长"、"副校长"、"教师"、"讲师"、"教授"、"学生"、"研究生"、"硕士生"、"博士生"、"本科生"是从源类"大学"到目标类"人"之间的角色关系. 一方面,它们是连接从"大学"到"人"的实例之间的关系;

另一方面,它们也是"人"的实例在与"大学"的实例所产生的关系中扮演的角色.

源类 c 到目标类 c' 之间的角色关系是有向的,而且与 ODMG[94] 一样可能存在从 c' 到 c 之间的逆关系(inverse relationship),引入上下文关系(context relationship)来表示这种逆关系. 此外,针对角色关系上述的第二个功能,引入角色标识(role label)来表示 r 派生的角色关系类的对象在对应的上下文关系中所扮演角色的详尽说明. 此外,角色关系可以有属性和其他非角色关系,还可以有角色子关系,即它们可以形成角色关系层次结构并且支持类级别和实例级别的继承,见3.3.2 小节.

例如,图 2.3 中"校领导→{校长,副校长}"是从"大学"到"人"之间的角色关系层次,它们的逆关系是从"人"到"大学"的上下文关系"工作单位"."校长"上的角色标识"职务"表示"校长"派生的角色关系类的实例在对应的上下文关系"工作单位"中扮演"校长"角色的详尽说明,即"校长"是作为校长的人在扮演校长角色时的职务."校领导"和"副校长"情况也类似. 同样地,"教师→{讲师,教授}"是从"大学"到"人"之间的角色关系层次,它们的逆关系也是从"人"到"大学"的上下文关系"工作单位"."教师"及其子关系"讲师"和"教授"上有不同的角色标识"职业"和"职称",它们分别用来解释"教师"是作为教师的人在扮演教师角色时的职业,而"讲师"或"教授"是作为讲师或教授人的在扮演相应角色时的职称."学生→{研究生→{硕士生,博士生},本科生}"是从"大学"到"人"之间的角色关系层次,它们的逆关系是从"人"到"大学"的上下文关系"就读于"."硕士生"、"博士生"和"本科生"上的角色标识都是"身份"表示它们所派生的角色关系类的实例在对应的上下文关系"就读于"中扮演各自角色的详尽说明,即"硕士生"、"博士生"和"本科生"分别是作为"硕士生"、"博士生"和"本科生"的人在扮演相应角色时的身份.

需要注意的是,在 INM 中,角色关系的逆关系和角色标识并不是必须的,它们可以缺省. 例如,图 2.3 中的"学生→{研究生→{硕士生,博士生},本科生}"层次可以缺省逆关系"就读于","硕士生"、"博士生"和"本科生"也可以缺省角色标识.

对象类表示具有相同特性的对象集合. 类似地,角色关系 r 可以派生对象集合,这些对象是 r 的目标类 c' 的实例并且在 r 的源类 c 的实例所在的上下文中参与了角色关系 r. 用同名的角色关系类来表示这一类派生的对象集合,见 2.2.8 小节.

角色关系 r 的目标类 c' 可以是对象类,也可以是由角色关系派生的角色关系类. 需要注意的是当目标类是角色关系类时,r 所指向的是派生角色关系类的角色关系. 例如,图 2.3 中"运动员"是从"校队"到"本科生"的角色关系,"运动员"所指向的是角色关系"本科生",但是其目标类是角色关系"本科生"派生的角色关系类"本科生". 此外,角色关系"运动员"也可以派生出角色关系类"运动员",它是角色关系类"本科生"的子类.

2.2.3 普通关系

除了角色关系及其逆关系(上下文关系)外,INM还引入了普通关系来表示对象类实例到对象类或者角色关系类实例之间的简单联系,普通关系也可以有逆关系.

普通关系(regular relationship)r 从源类 c 到目标类 c',其源类 c 是对象类而目标类 c' 是对象类或者角色关系类,如果 r 有逆关系 r',根据其目标类 c' 不同,r' 分为两种情况:

(1) 如果 r 的目标类 c' 是对象类,则 r 的逆关系 r' 也是普通关系.

(2) 如果 r 的目标类 c' 是角色关系类,则 r 的逆关系 r' 是上下文相关关系.

例如,图 2.3 中"大学"到"课程"有普通关系"开设课程";反之,"课程"到"大学"有关系"开课单位"."开设课程"和"开课单位"互为逆关系. 因为"开设课程"的目标类是对象类,所以其逆关系"开课单位"也是普通关系. 对于第二种情况,"课程"到"教师"有普通关系"授课者";反之,"教师"到"课程"有关系"讲授课程"."授课者"和"讲授课程"互为逆关系. 因为"授课者"的目标类是角色关系"教师"派生的角色关系类,所以其逆关系"讲授课程"是上下文相关关系.

2.2.4 上下文相关关系

角色关系类实例可能与对象类或者角色关系类实例之间有关系,同样这些关系也可能有逆关系,用上下文相关关系来表示.

上下文相关关系(context-dependent relationship)r 从源类 c 到目标类 c',其源类 c 是角色关系类,而目标类 c' 是对象类或者角色关系类,如果 r 有逆关系 r',根据其目标类 c 不同,r 分为两种情况:

(1) 如果 r 的目标类 c' 是对象类,则 r 的逆关系 r' 是普通关系.

(2) 如果 r 的目标类 c' 是角色关系类,则 r 的逆关系 r' 也是上下文相关关系.

例如,图 2.3 中"研究生"到"研究生课程"有上下文相关关系"选修课程";反之,"研究生课程"到"研究生"有关系"选课者"."选修课程"和"选课者"互为逆关系. 因为"选修课程"的目标类"研究生课程"是对象类,所以其逆关系"选课者"是普通关系. "研究生"到"教授"有上下文相关关系"导师";反之,"教授"到"研究生"有关系"指导研究生"."导师"和"指导研究生"互为逆关系. 因为"导师"的目标类"教授"是角色关系"教授"所派生的角色关系类,所以其逆关系"指导研究生"是上下文相关关系.

需要注意的是,对于任何上下文相关关系,其源类和第二种情况下的目标类虽然都指定在角色关系上,但是语义上它们用来描述角色关系所派生的角色关系类的实例与其他对象(对象类实例或角色关系类实例)之间的联系.而每一个派生的角色关系类根据其对应的角色关系上指定的上下文关系和角色标识可以自动获得其上下文、上下文相关关系嵌套在角色关系类的上下文中,组成角色关系类完整的上下文语境信息,见2.2.8小节.

例如,图2.3中"导师"、"指导研究生"、"讲授课程"三个上下文相关关系分别嵌套在角色关系"研究生"、"教授"、"教师"所派生的角色关系类的上下文中.因为"研究生"和"本科生"的上下文相关关系"选修课程"覆盖了"学生"上的"选修课程",所以三个"选修课程"分别嵌套在角色关系"学生"、"研究生"和"本科生"所派生的角色关系类的上下文中,如图2.4所示.

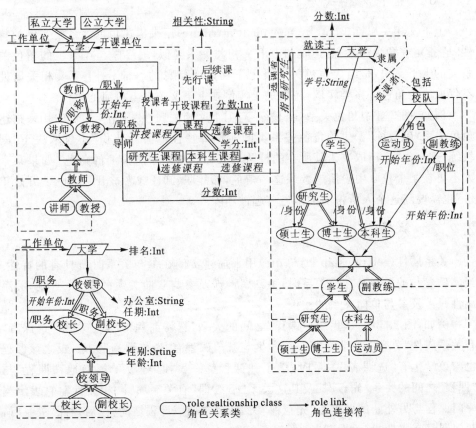

图2.4 带派生的角色关系类和上下文语境信息的模式示例

在INM中除了各种关系外,类和关系上还有不同性质的属性.引入三种属性:普通属性、上下文相关属性和关系属性.

2.2.5 普通属性

普通属性(regular attribute)用来描述对象类实例、角色关系类实例、角色关系的特性.

例如,图 2.3 中对象类"人"有普通属性"性别"和"年龄",它们用来描述人的特性.角色关系"校领导"上有普通属性"办公室"和"任期",它们用来描述角色关系"校领导"及其子关系"校长"、"副校长"的特性."办公室"和"任期"仅取决于具体的大学及其相应的角色关系,与角色关系所指向的具体的人没有关系,因为无论谁是"校领导"、"校长"、"副校长",他们的"办公室"和"任期"保持不变.

2.2.6 上下文相关属性

上下文相关属性(context-dependent attribute)用来描述角色关系类实例的特性.它指定在角色关系上,但是与上下文相关关系类似,最终嵌套在派生的角色关系类的上下文中,是组成角色关系类上下文语境信息的一部分.上下文相关属性不仅取决于角色关系类实例,还取决于实例在上下文关系下扮演的角色.

例如,图 2.3 中角色关系"副教练"有上下文相关属性"开始年份",它用来描述角色关系"副教练"派生的角色关系类的实例的特性."开始年份"不仅取决于"副教练"这一类人,还取决于其所在的校队及其在该校队中所扮演的角色.如果某个人不再在某个校队中扮演副教练这一角色,如辞职、卸任或者被开除,那么"开始年份"也需要随这个人所扮演的角色一起被删除.

2.2.7 关系属性

关系属性(relationship attribute)用来描述实例在参与关系时所具有的特性.当实例参与的关系存在逆关系时,关系属性涉及参与双向关系的实例.否则,关系属性只涉及参与单向关系的实例.

例如,图 2.3 中"学生"与"课程"之间的关系"选修课程"及其逆关系"选课者"有关系属性"分数",它表示当一个学生与某门课程有"选修课程"关系,反之该课程也与该学生有"选课者"关系时,学生和课程都有属性"分数".类似地,"课程"与"课程"之间的关系"先行课"及其逆关系"后续课"有关系属性"相关性",它表示当一门课程与另外一门课程有"先行课"关系,反之两门课程之间有"后续课"关系时,两门课都有属性"相关性".

2.2.8 角色关系类和上下文语境信息

在角色关系既作为关系也作为角色的双重作用下,它可以派生同名的角色关系类来表示参与了关系且扮演了相应角色的对象集合. 本小节以图 2.3 所示的模式示例为例子, 讨论由角色关系层次所派生的角色关系类层次和角色关系类的上下文和上下文语境信息. 在 3.3.1 和 3.3.2 小节, 将对如何得到派生的角色关系类及其上下文和上下文语境信息进行详尽地形式化描述.

图 2.4 是由图 2.3 得到的带派生的角色关系类和上下文语境信息的模式示例, 为了表示清晰对象类 "大学" 和 "人" 有重复, 实际上它们表示同一个类. 在图 2.3 中, 从 "大学" 到 "人" 有三个角色关系层次, 它们分别是校领导→{校长, 副校长}, 教师→{讲师, 教授}, 学生→{研究生→{硕士生, 博士生}, 本科生}. 在图 2.4 中, 它们分别派生三个相同结构的角色关系类层次, 图中用圆角矩形表示, 这三个角色关系类层次分别是 "人" 的子类层次. 图 2.3 中, 校领导层次指定了逆关系名 (上下文关系名) "工作单位", 而且该层次中的三个角色关系上都分别指定了角色标识 "职务". 图 2.4 中, 对应的三个角色关系类与 "大学" 分别有上下文关系 "工作单位", 它们构成了各个角色关系类的上下文. 在该上下文中, 分别有角色标识 "职务" 指向各自的角色关系, 构成相应角色关系类更详细的上下文. 此外, 图 2.3 中 "校领导" 上指定了普通属性 "办公室" 和 "任期", 上下文相关属性 "开始年份". 因为普通属性用来描述角色关系本身的特性, 所以它们仍然保留在角色关系上; 而上下文相关属性 "开始年份" 则嵌套在校领导角色关系类的上下文中, 构成校领导类的上下文语境信息. 图 2.3 中, 教师层次指定了逆关系名 (上下文关系名) "工作单位", 而且该层次中的 "教师" 上有角色标识 "职业", 其子关系 "讲师" 和 "教授" 上分别都有角色标识 "职称". 图 2.4 中, 对应的三个角色关系类与 "大学" 分别有上下文关系 "工作单位", 它们构成了角色关系类的上下文. 在该上下文中, 有角色标识 "职业" 指向 "教师", 构成 "教师" 角色关系类的更详细的上下文. 在 "教师" 的上下文中, 有角色标识 "职称" 分别指向 "讲师" 和 "教授", 分别构成 "讲师" 和 "教授" 角色关系类上下文. 此外, 图 2.3 中 "教师" 上指定了上下文相关属性 "开始年份" 和上下文相关关系 "讲授课程", "教授" 上指定了上下文相关关系 "指导研究生". 所以 "开始年份" 和 "讲授课程" 嵌套在 "教师" 角色关系类的上下文中, "指导研究生" 嵌套在 "教授" 角色关系类的上下文中, 分别构成它们的上下文语境信息. 图 2.3 中, 学生层次指定了逆关系名 (上下文关系名) "就读于", 而且该层次中的 "硕士生"、"博士生"、"本科生" 上分别有角色标识 "身份". 图 2.4 中, 对应的五个角色关系类与 "大学" 分别有上下文关系 "就读于", 它们构成了角色关系类的上下文. 在该上下文中, 分别有角色标识 "身份" 指向 "硕士生"、"博士生"、"本科生", 构成相应角色关系类更详细的上下文. 此外, 图 2.5 中 "学生" 上指定了上下文相关属性 "学号" 和上下文相关关系 "选修课程", "研究生" 上指定了上下文相关关系 "选修课程" 和 "导师", "本科生" 上指定了上下文相关关系 "选修课程". 所以 "学号" 和 "选修课

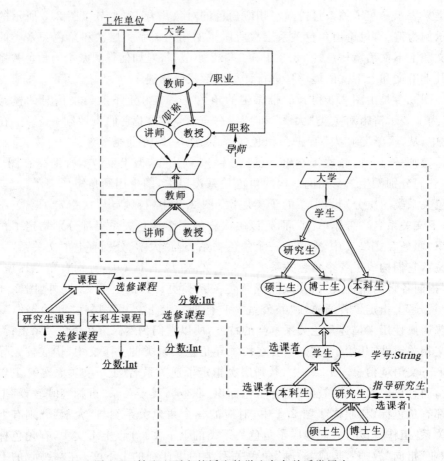

图 2.5　缺少上下文的派生的学生角色关系类层次

程"嵌套在"学生"关系类的上下文中,"选修课程"和"导师"嵌套在"研究生"关系类的上下文中,而"选修课程"嵌套在"本科生"关系类的上下文中. 其中,"研究生"和"本科生"上的"选修课程"覆盖了"学生"上的"选修课程",因为它们指向不同的目标类. 在图 2.3 中,"校队"到"人"角色关系"副教练",到"本科生"有角色关系"运动员". 在图 2.4 中,它们分别派生角色关系类"副教练"和"运动员",其中"副教练"是"人"的子类,而"运动员"是"本科生"的子类. 图 2.3 中,"副教练"和"运动员"上分别指定了角色标识"身份"而没有指定逆关系名. 图 2.4 中,两个角色关系类与"校队"分别有省略了关系名的上下文相关关系,构成了角色关系类的上下文. 在该上下文中,分别有角色标识"身份"指向角色关系,构成相应角色关系类更详细的上下文. 此外,图 2.3 中,"副教练"和"运动员"上分别指定了上下文相关属性"开始年份",所以它们嵌套在"副教练"和"运动员"关系类的上下文中,分别构成角色关系类的上下文语境信息. 需要注意的是, 如果角色关系没有逆关系和角色标识, 那么角色关系类就没有上下文, 上下文相关属性和上下文相关关系直接在角色关系类下而不是嵌套在角色关系类的上下文中. 这是 INM 最简单的一种特例, 面向对象模型可以视为这种特例. 例如, 若图 2.3 中角色关系层次"学生→{研究生→{硕士生, 博士生}, 本科生}"没有逆关系"就读于", "硕士生"、"博士生"、"本科生"三者都没有角色标识"身份". 那么该角色关系层次所派生的角色关系类就没有上下文, 在图 2.3 中对应的角色关系上指定的上下文相关属性"学号"和上下文相关关系"选修课程"和"导师"就直接在派生的角色关系类下, 如图 2.5 所示.

2.2.9　实例

INM 有对象类和角色关系类, 因而有两种实例: 对象类实例和角色关系类实例. 基于上述概念和图 2.4 所示的模式示例, 本小节用如图 2.6 所示十三个实例对 2.1 节所提出的应用示例建模.

图 2.6 中, "MIT"、"UCB"、"女子篮球队"、"高级数据库"、"操作系统"是对象类实例, 它们分别是"私立大学"、"公立大学"、"校队"、"研究生课程"、"本科生课程"的实例; "Ben"、"Bob"、"Tom"、"Ann"、"Ada"、"Amy"、"Bev"、"Joy"是角色关系类实例, 它们分别是"副校长"和"讲师"、"校长"和"教授"、"教师"和"副教练"、"硕士生"和"博士生"、"本科生"、"博士生"、"教授"、"运动员"的实例. 为了表示清晰对象标识有重复, 相同的对象标识表示同一个对象.

在 INM 中, 元数据对象的所有信息包括其复杂的上下文语境信息都集中表示在一个对象中而不像角色模型分散表示在层次结构的多个对象中, 各个元数据对象之间通过各种关系互联. 此外, INM 能够直接、自然地支持对象特征的上下文相关表示和访问.

图 2.6 中, 首先讨论各个对象类实例, "MIT"有以"校领导"、"学生"、"教师"为根的角色关系层次. "校领导"特化为"副校长"和"校长", 它们的目标对象分别是"Ben"和"Bob". 角色关系"校领导"有属性"任期", 其值是"3", "副校长"有属性"办公室", 其值是"L-201", "校长"有属性"任期"和"办公室", 其值分别是"2"和"L-202". 角色关系的这些属性与目标对象"Bob"和"Ben"无关, 只与"MIT"和相应的角色关系有关. "学生"特化为"本科生"和"研究生", "本科生"的目标对象是"Ada", "研究生"进一步特化为"硕士生"和"博士生", 它们的目标对象分别是"Ann"和"Amy". "教师"的目标对象是"Tom", 它还特化为"教授"和"讲师", 它们的目标对象分别是"Bob"和"Ben". 此外, "MIT"开设课程"高级数据库"和"操作系统", 并且包括"女子篮球队"; 反之, "高级数据库"和"操作系统"的开课单位是"MIT", "女子篮球队"隶属"MIT". "MIT"的排名是"3". "UCB"有以"教师"和"学

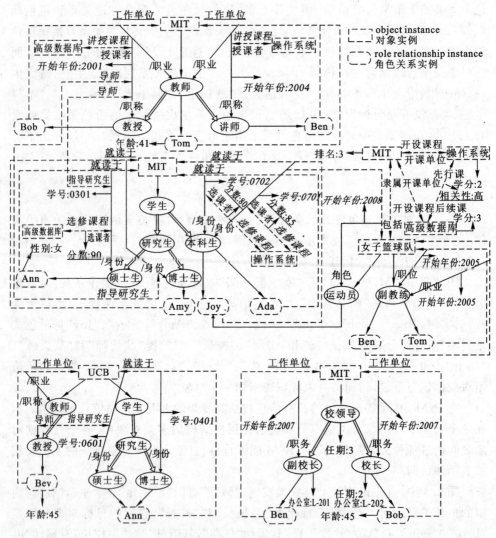

图 2.6 实例

生"为根的角色关系层次."教师"特化为"教授",其目标对象是"Bev","学生"特化
为"研究生","研究生"特化为"博士生"和"硕士生",它们的目标对象都是"Ann".
"高级数据库"的学分是"3",授课者是"Bob",选课者是"Ann",先行课是"操作系
统";"操作系统"的学分是"2",授课者是"Ben",选课者是"Joy"和"Ann",后续课是
"高级数据库"."高级数据库"和"操作系统"在"先行课"和"后续课"这对互逆的关
系中相关性是"高"."女子篮球队"到"Ben"和"Bob"有角色关系"副教练",到"Joy"
有角色关系"运动员".

下面讨论角色关系类实例: "Ben"作为"副校长", 其"工作单位"是"MIT", 职务是"副校长", 在该上下文中他有属性"开始年份", 其值是"2007"; 作为"讲师", 他的"工作单位"仍然是"MIT", 职业是"教师", 职称是"讲师", 在该上下文中他有属性"开始年份", 其值是"2004", 讲授课程"操作系统"; 作为副教练, 他的职位是"女子篮球队"的"副教练", 在该上下文中他有属性"开始年份", 其值是"2005". "Bob"的年龄是"45", 作为"校长", 其"工作单位"是"MIT", 职务是"校长", 在该上下文中他有属性"开始年份", 其值是"2007"; 作为"教授", 他的"工作单位"仍然是"MIT", 职业是"教师", 职称是"教授", 在该上下文中他有属性"开始年份", 其值是"2001", 讲授课程"高级数据库", 指导研究生"Ann"和"Amy". "Tom"的年龄是"41", 作为"教师", 其"工作单位"是"MIT", 职业是"教师"; 作为"副教练", 他的职位是"女子篮球队"的"副教练", 在该上下文中他有属性"开始年份", 其值是"2005". "Bev"的年龄是"45", 作为"教授", 其工作单位是"UCB", 职业是"教师", 职称是"教授", 在该上下文中他指导研究生"Ann". "Ann"作为"硕士生", 她就读于"MIT", 身份是"硕士生", 在该上下文中她有属性"学号", 其值是"0301", 选修课程"高级数据库", 并且分数是"90", 导师是教授"Bob". 此外, 她还就读于"UCB", 身份是"硕士生", 在该上下文中她有属性"学号", 其值是"0401"; 作为"博士生", 她就读于"UCB", 身份是"博士生", 在该上下文中她有属性"学号", 其值是"0601", 导师是教授"Bev". "Ada"作为"本科生", 她就读于"MIT", 身份是"本科生", 在该上下文中她有属性"学号", 其值是"0702", 选修课程"操作系统", 并且分数是"80". "Amy"作为"博士生", 她就读于"MIT", 身份是"博士生", 在该上下文中她的导师是教授"Bob". "Joy"作为"运动员", 她就读于"MIT", 身份是"运动员", 在该上下文中她有属性"学号", 其值是"0701", 选修课程"操作系统", 并且分数是"85", 此外她的角色是"女子篮球队"的"运动员", 在这种更详尽的上下文中她有属性"开始年份", 其值是"2008".

与如图 2.5 所示缺少上下文的派生的角色关系类对应, INM 中的角色关系类实例也可以没有上下文, 在这种情况下它们的上下文相关属性和关系与普通属性和关系没有区别. 例如, 没有上下文的"Ann"、"Ada"和"Amy", 如图 2.7 所示, 因为没有上下文, 它们的所有上下文相关属性和关系如"学号"、"选修课程"、"导师"等直接在各自对象下. 面向对象模型中的实例是这种特例.

2.3　模 型 比 较

本章前两节以具体的应用示例分析了面向对象模型和角色模型在表达对象的

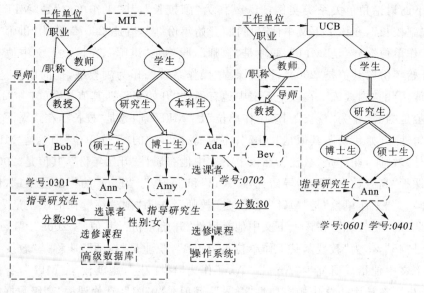

图 2.7　缺少上下文的实例

动态演化、多刻面、复杂关系和上下文语境信息表示几个方面存在的局限性,并针对这些问题,提出了一种新的数据模型——信息网模型(INM). 在 INM 中,元数据对象之间通过各种关系互联,由关系可以自动地产生上下文,上下文中还可以嵌套属性和关系,从而能直接自然地模拟对象与对象、对象与关系以及关系与关系之间的各种复杂联系及其丰富的上下文语境信息.

表 2.1 对面向对象模型(OMs)、角色模型(RMs)和本书所提出的信息网模型 INM 进行了比较. 可以看出,INM 在表现动态演化、多刻面、复杂关系和上下文语境信息几个方面比面向对象模型和角色模型更自然,功能更强大,表达能力更强.

表 2.1　INM 与面向对象模型(OMs)和角色模型(RMs)的比较

标准	面向对象模型(OMs)	角色模型(RMs)	信息网模型(INM)
动态演化 evolution	传统的 OMs 无法支持;支持多继承的 OMs 可以支持动态演化但是会导致组合爆炸;支持多分类的 OMs 可以支持动态演化	通过对象扮演的角色来体现动态演化	通过角色关系类的多分类体现动态演化
多刻面 many-faceted aspects	支持多分类的 OMs 通过一个实例从属多个类体现多刻面	通过对象扮演多个角色体现多刻面	通过对象参与各种关系和在关系产生的上下文中扮演不同的角色来表现更详尽、更丰富的多刻面特性

续表

标准	面向对象模型(OMs)	角色模型(RMs)	信息网模型(INM)
关系的复杂性 relationship complexity	简单关系	简单关系	支持层次结构的关系和关系的复杂嵌套
上下文语境 信息表示 context-dependent information representation	不支持	对象扮演的角色是角色上的属性和关系的上下文,支持简单的上下文语境信息表示	从对象参与的关系自动地获得上下文,在各种不同的上下文中扮演不同的角色,上下文相关属性和关系嵌套在上下文中构成复杂的上下文语境信息

2.4 INM 的创新点

INM 的最大创新点是引入了角色关系. 角色关系有双重作用,它既作为关系也作为角色,这两者之间有区别也有联系. 作为关系它可以形成层次结构,可以指定层次结构的逆关系从而获得由关系所产生的上下文,同时还可以指定普通属性来描述关系本身的特性;作为角色它可以指定角色标识对角色进行更详尽的说明,进而获得在关系所产生的上下文中更详尽的上下文. 在双重作用下,角色关系可以派生同名的角色关系类来表示参与了关系且扮演了相应角色的对象集合,而且可以指定上下文相关属性和关系来描述这些对象在上下文中的特性. 具体而言,角色关系有如下几个方面的特性:

(1)角色关系可以形成层次结构,即角色关系可以有角色子关系,并且支持类级别和实例级别继承.

(2)角色关系层次中的每一个角色关系都派生一个同名的角色关系类,它们与角色关系有相同的层次结构. 角色关系类层次中的根节点是对应角色关系层次目标类的子类. 因为角色关系层次的目标类可以是对象类也可以是角色关系类,根节点角色关系类对其父类(目标类)的继承根据目标类的类型不同有不同的规则. 同时,角色关系类层次结构中子类对父类的继承与根节点角色关系类对父类的继承也有不同的规则,详见 3.3.2 小节.

(3)角色关系上可以指定普通属性、上下文相关属性和上下文相关关系. 普通属性用来描述角色关系本身的特性,而上下文相关属性和上下文相关关系用来描述角色关系派生的角色关系类实例在上下文中的特性.

(4)角色关系类可以根据其对应的角色关系上指定的逆关系名(上下文关系名)和角色标识自动获得上下文,上下文相关属性和上下文相关关系嵌套在上下文中构成角色关系类的上下文语境信息.

另一方面,在实际建模中角色关系层次可能没有逆关系和角色标识,因此它们并不是必须的. 在这种情况下,由角色关系层次派生的角色关系类层次没有上下文,那么在角色关系下指定的上下文相关属性和关系就直接在角色关系类下而不是嵌套在其上下文中,面向对象模型可以归结为 INM 这种缺少上下文的特例.

除了角色关系,INM 还引入了其他关系,如普通关系和上下文相关关系,来表示对象之间的其他联系,就关系本生而言,它们与其他模型中的关系类似. 不同之处在于上下文相关关系要嵌套在由角色关系所产生的上下文中(如果上下文存在的话). 此外,INM 中所有的关系都可能存在逆关系,如表 2.2 所示角色关系与上下文关系互为逆关系,普通关系与普通关系或者上下文相关关系互为逆关系,上下文相关关系与上下文相关关系或者普通关系互为逆关系. INM 能够自动地维护各种逆关系的一致性,现有数据模型都无法支持这一特性,因为它们需要人工进行烦琐的操作,这也是 INM 的特色之一

表 2.2　互逆关系

关系 1	关系 2
角色关系	上下文关系
普通关系	普通关系
上下文相关关系	上下文相关关系
普通关系	上下文相关关系

就元数据对象的表示而言,INM 的创新之处在于它将现实世界中一个实体的所有信息(包括其各种属性、关系和上下文语境信息)都非常直接、自然地集中表示在一个对象中,而不是像角色模型那样为了支持多刻面和简单的上下文语境信息表示用一个对象实例和层次结构的角色实例来分散地表示. 此外,INM 中的一个对象可以隶属多个不同的类,这一点与支持多分类的对象模型类似. 但是,对象模型对隶属不同分类的相同属性或关系无法区分,它们用给同名属性或关系改名的方法来解决这一问题. INM 则使用更自然的方式,即将隶属不同分类的属性或关系嵌套在对象属于该分类的上下文中构成详细的上下文语境信息,既能够解决同名的问题,又非常自然地体现了这些属性或关系的上下文. 所以,INM 中对象的表示与现实世界中实体的概念一一对应,既能够直接、自然地支持动态演化、多刻面、复杂关系和上下文语境信息表示特性,又容易理解.

第 3 章　INM建模语言

本章将详尽阐述 INM 建模语言的模式和实例语法及其形式化语义.

首先,假设存在以下两两互不相交的原子元素集合:

(1) 基本数据类型集合 $T = \{\text{Int}, \text{String}, \text{Date}, \text{Text}, \cdots\}$;

(2) 类名集合 C,包括对象类名和角色关系类名;

(3) 属性名集合 A,包括普通属性名、上下文相关属性名、关系属性名;

(4) 关系名集合 R,包括普通关系名、角色关系名、上下文关系名、上下文相关关系名;

(5) 角色标识集合 N;

(6) 对象标识集合 O;

(7) 值集合 $V = I \cup S \cup \cdots$,其中 I 是整数集合,S 是字符串集合,$\cdots\cdots$.

对于每一种基本类型 $t \in T$,用 $v(t)$ 表示类型 t 的值集合. 即

$$v(\text{Int}) = I, \qquad v(\text{String}) = S, \quad \cdots$$

3.1　模 式 语 法

INM 中的类是具有相同特性对象的集合,类分为两种:对象类和角色关系类. 对象类可以直接通过建模语言定义,角色关系类由角色关系派生而来.

子类定义(subclass definition)是一个表达式:

$$c \ isa \ \{c_1, \cdots, c_m\} \tag{3.1}$$

其中 $c, c_1, \cdots, c_m \in C$ $(m \geqslant 0)$ 是类名. 当 $m = 0$ 时,表示为 $c \ isa \ c_1$. 子类定义表示 c 是 $c_1, \cdots, c_m$ 的直接子类,而 $c_1, \cdots, c_m$ 是 c 的直接父类.

例 3.1　图 2.3 中对象类"课程"和"大学"的特化可以用子类定义表示如下:

研究生课程 isa 课程　　　本科生课程 isa 课程

私立大学 isa 大学　　　公立大学 isa 大学

它们表示对象类"研究生课程"和"本科生课程"分别是"课程"的子类,而"私立大学"和"公立大学"分别是"大学"的子类.

简化起见,引入如下两个声明,它们用于其他定义或说明中.

属性声明(attribute declaration)是一个表达式:

$$@a:t \qquad (3.2)$$

其中 $a \in A$ 是属性名, $t \in T$ 是数据类型. 当有 cd 作为前缀时,表明它是上下文相关属性;否则是普通属性或关系属性,取决于它所在的位置.

关系声明(relationship declaration)是一个表达式:

$$r[A_1, \cdots, A_m]:c'(r') \qquad (3.3)$$

其中 $r \in R$ 是关系名, $A_1, \cdots, A_m$ ($m \geqslant 0$) 是关系属性声明, $c' \in C$ 是类名, $r' \in R$ 是可选的关系名. 如果 r' 存在,表明它是一个双向关系声明;否则,表明它是一个单向关系声明. 当有 cd 作为前缀时,表明它是上下文相关关系;否则是普通关系.

INM 与面向对象模型和角色模型类似,对象类也可以定义属性.

属性定义(attribute definition)是一个表达式:

$$c[A] \qquad (3.4)$$

其中 $c \in C$ 是类名, A 是属性声明 它表示对象类 c 有普通属性声明 A.

例 3.2 图 2.3 中普通属性"年龄"可以用属性定义表示如下:

人[@性别:String]

它表示"人"有属性"性别",其类型是字符串.

如 2.2 节所述,INM 支持四种关系,它们分别是角色关系、上下文关系、上下文相关关系、普通关系. 它们以非常紧凑的形式定义在两种关系说明中. 一个关系说明涵盖的语义比较丰富,可能分解成定义或说明的集合,见 3.3.1 小节. 此外,分解以后的定义之间可能互逆,见 3.3.3 小节.

角色关系说明(role relationship specification)是一个表达式:

$$c[role \; \mathbb{R}:c'(r_c)] \qquad (3.5)$$

其中 $c, c' \in C$ 是类名, $r_c \in R$ 是上下文关系名, $\mathbb{R}$:递归地定义为如下形式:

$$r[P_1, \cdots, P_n](i) \mid r[P_1, \cdots, P_n](i) \to \{\mathbb{R}, \cdots, \mathbb{R}\} \qquad (3.6)$$

其中 $r \in R$ 是角色关系名, $i \in N$ 是可选的角色标识, $P_1, \cdots, P_n$ ($n \geqslant 0$) 有如下形式:

$$A \mid cd \; A \mid cd \; R' \qquad (3.7)$$

其中 A 是属性声明, R' 是形如(3.3)所示的关系声明,在 R' 中 r 是上下文相关关系名, r' 是普通关系名或上下文相关关系名.

一个角色关系说明表示对象类 c 到 c' 有角色关系层次 R,如果 r_c 给定,则 c' 到 c 有逆关系 r_c. 根据形式(3.6), R 可以是单个角色关系,也可以是角色关系层次. 对于层次结构中的每一个形如 $r[P_1, \cdots, P_n](i)$ 的节点, r 有角色标识 i(如果给定),而且它有零个或多个普通属性声明、上下文相关属性声明或上下文相关关系声明.

例 3.3 图 2.3 中从"大学"到"人"以"校领导"为根的角色关系层次可以用角

色关系说明表示如下：

> 大学[role 校领导[@办公室:String,
> 　　　　@任期:Int,
> 　　　　cd @开始年份:Int](职务)→{
> 　　　　校长(职务),
> 　　　　副校长(职务)}:人(工作单位)]

它表示"大学"到"人"有以"校领导"为根的角色关系层次；反之，"人"到"大学"有上下文关系"工作单位"．"校领导"有普通属性"办公室"和"任期"，其类型分别是字符串和整型，它还有上下文相关属性"开始年份"，其类型是整型．"校领导"的角色标识是"职务"．此外，"校领导"进一步特化为角色子关系"校长"和"副校长"，它们的角色标识也分别是"职务"．

例 3.4　图 2.3 中从"大学"到"人"以"教师"为根的角色关系层次可以用角色关系说明表示如下：

> 大学[role 教师[cd @ 开始年份:Int](职业)→{
> 　　　　　　教授(职称),
> 　　　　　　讲师(职称)}:人(工作单位)]

它表示"大学"到"人"有以"教师"为根的角色关系层次；反之，"人"到"大学"有上下文关系"工作单位"．"教师"有上下文相关属性"开始年份"，其类型是整型，它还有角色标识"职业"．此外，"教师"进一步特化为角色子关系"教授"和"讲师"，它们的角色标识是"职称"．

例 3.5　图 2.3 中从"大学"到"人"以"学生"为根的角色关系层次可以用角色关系说明表示如下：

> 大学[role 学生[cd @学号:String,
> 　　　　cd 选修课程[@分数:Int]:课程(选课者)]→{
> 　　　　研究生[cd 选修课程[@分数:Int]:研究生课程(选课者),
> 　　　　　　cd 导师:教授(指导研究生)]→{
> 　　　　　　硕士生(身份),
> 　　　　　　博士生(身份)},
> 　　　　本科生[cd 选修课程[@分数:Int]:本科生课程(选课者)](身份)}:人
> 　　　　(就读于)]

它表示"大学"到"人"有以学生为根的角色关系层次；反之，"人"到"大学"有上下文关系"就读于"．"学生"有上下文相关属性"学号"，其类型是字符串，并且与"课程"有上下文相关关系"选修课程"；反之，"课程"与"学生"有关系"选课者"．"学生"进一步特化为角色子关系"研究生"和"本科生"．"研究生"到"研究生课程"有上下文相关关系"选修课程"；反之，"研究生课程"到"研究生"有关系"选课者"．"研究生"

到"教授"有上下文相关关系"导师";反之,"教授"到"研究生"有关系"指导研究生". 此外,"研究生"进一步特化为角色子关系"硕士生"和"博士生",它们的角色标识是"身份"."本科生"的角色标识也是"身份",它与"本科生课程"有上下文相关关系"选修课程";反之,"本科生课程"与"本科生"有关系"选课者". 对于分别定义在"学生"、"研究生"和"本科生"上的三个关系"选修课程"及其逆关系,它们分别都有关系属性"分数",其类型是整型.

需要注意的是,在角色关系层次中,子关系上可以重新定义继承的属性和关系. 当它们被重新定义时,子关系中的新定义会覆盖父关系的定义. 例 3.5 中"研究生"上的上下文相关关系"选修课程"重新定义到"研究生课程"上. 类似地,"本科生"上的"选修课程"重新定义到"本科生课程"上. 即它们覆盖了"学生"上的"选修课程". 这些问题将在 3.3.2 小节深入讨论.

例 3.6 如 2.2.2 小节所述,角色关系可以缺省逆关系和角色标识,若以学生开始的角色关系层次没有逆关系和角色标识,可以用角色关系说明表示如下:

大学 [role 学生 [cd @学号:String,

　　cd 选修课程 [@分数:Int]:课程 (选课者)]→{

　　研究生 [cd 选修课程 [@分数:Int]:研究生课程 (选课者),

　　　　cd 导师:教授 (指导研究生)]→{

　　　　硕士生,

　　　　博士生},

　　本科生 [cd 选修课程 [@分数:Int]:本科生课程 (选课者)]}:人]

形如(3.5)、(3.6)、(3.7)的角色关系说明中,c 和 c' 分别称为角色关系层次 $\mathbb{R}$ 中每一个角色关系 r 的源类和目标类. 如 2.2.8 小节所述,角色关系层次 $\mathbb{R}$ 派生相同结构的角色关系类层次. $\mathbb{R}$ 所派生角色关系类层次是目标类 c 的子类层次. 每一个角色关系类表示具有相同特性的对象集合,这些对象是 r 的目标类 c' 的实例并且在 r 的源类 c 的实例所在的上下文中参与了角色关系 r. 每一个角色关系类通过在 r 上指定的上下文关系 r_c,角色标识 i,上下文相关属性和关系声明 $P_1,\cdots,P_n$(如果给定)获得上下文语境信息.

例 3.5 中"学生→{研究生→{硕士生,博士生},本科生}"是从源类"大学"到目标类"人"的角色关系层次. 一方面,它们是从"大学"到"人"的关系;另一方面,它们派生角色关系类"学生"、"研究生"、"硕士生"、"博士生"和"本科生"来表示在"大学"上下文中参与相应角色关系的"人"的集合. 这些角色类自动生成相应的上下文语境信息,见例 3.24.

在形式(3.5)中,目标类 c 除了可以是对象类还可以是角色关系类. 例 3.3~3.6,目标类都是对象类. 考虑下面的例子,其目标类是角色关系类.

例 3.7　图 2.3 中从"校队"到"本科生"的角色关系"运动员"可以用角色关系说明表示如下：

校队 [运动员 [cd @ 开始年份 : Int] (角色) : 本科生]

它表示"校队"到"本科生"有角色关系"运动员"，"运动员"有上下文相关属性"开始年份"，其类型是整型，此外它的角色标识是"角色".

普通关系说明（regular relationship specification）是一个表达式：

$$c[R] \tag{3.8}$$

其中 $c \in C$ 是对象类名，R 是形如（3.3）的关系声明，其中 r 是普通关系名，r' 是普通关系名或上下文相关关系名.

一个普通关系说明表示对象类 c 到对象类或角色关系类 c 有普通关系 r，反之，c' 到 c 有逆关系 r'（如果给定）. 如果 $m > 0$，则表明 r 和 r' 都有关系属性声明 $A_1, \cdots, A_m$.

例 3.8　图 2.3 中"大学"与"课程"的普通关系"开设课程"及其逆关系"开课单位"可以用普通关系说明表示如下：

大学 [开设课程 : 课程 (开课单位)]

它表示对象类"大学"到对象类"课程"有普通关系"开设课程"；反之，"课程"到"大学"有逆关系"开课单位". 也可以用如下普通关系说明等价地表示：

课程 [开课单位 : 大学 (开设课程)]

假设逆关系"开课单位"没有给出，可以用如下普通关系说明表示：

大学 [开设课程 : 课程]

例 3.9　图 2.3 中"课程"之间的普通关系"先行课"及其逆关系"后续课"，"课程"与"教师"之间的普通关系"授课者"及其逆关系"讲授课程"可以用普通关系说明表示如下：

课程 [先行课 [@ 相关性 : String] : 课程 (后续课)]

课程 [授课者 : 教师 (讲授课程)]

第一个表示"课程"之间有普通关系"先行课"及其逆关系"后续课". 两个关系有关系属性"相关性"，其类型是字符串. 第二个表示"课程"到"教师"有普通关系"授课者"；反之，"教师"到"课程"有逆关系"讲授课程".

对象类说明（object class specification）是一个表达式：

$$abstract\ class\ c\ isa\ c_1, \cdots, c_m [P_1, \cdots, P_n] \tag{3.9}$$

其中关键字 $abstract$ 是可选的，$c\ isa\ c_1, \cdots, c_m [P_1, \cdots, P_n]$（$m \geq 0$）是子类定义，$c[P_1], \cdots, c[P_n]$（$n \geq 0$）是属性定义，角色关系说明或者普通关系说明.

一个对象类说明表示抽象对象类（如果关键字 $abstract$ 省略就是实体对象类）c 是 $c_1, \cdots, c_m$ 的直接子类，并且有属性定义，角色关系说明或者普通关系说

明 $P_1, \cdots, P_n$.

图 2.3 中的对象类及其属性和各种关系可以用如下对象类说明(程序 3.1)表示:

程序 3.1 对象类说明

```
abstract class 大学 [
    @排名:Int,
    开设课程:课程(开课单位),
    包括:校队(隶属),
    role 校领导[@办公室:String,
            @任期:Int,
            cd @开始年份:Int](职务)→{
            校长(职务),
            副校长(职务)}:人(工作单位),
    role 教师[cd @开始年份:Int](职业)→{
            教授(职务),
            讲师(职务)}:人(工作单位),
    role 学生[cd @学号:String;
            cd 选修课程[@分数:Int]:课程(选课者)]→{
            研究生[cd 选修课程[@分数:Int]:研究生课程(选课者),
                cd 导师:教授(指导研究生)]→{
            硕士生(身份),
            博士生(身份),
            本科生[cd 选修课程[@分数:Int]:本科生课程(选课者)](身份)}:人(就
                读于)]
class 私立大学 isa 大学
class 公立大学 isa 大学
abstract class 课程 [
    @学分:Int,
    先行课[@相关性:String]:课程(后续课),
    授课者:教师(讲授课程)]
class 研究生课程 isa 课程
class 本科生课程 isa 课程
class 校队 [
    role 运动员[cd @开始年份:Int](角色):本科生,
    role 副教练[cd @开始年份:Int](职位):人]
class 人 [
```

@年龄:Int,

@性别:String]

定义 3.1 （模式说明（schema specification））一个模式说明 K_s 是一个对象类说明有限集合，它可以表示为一个元组 $K_s=(C_0,\text{isa}_k,\Lambda,\Upsilon_s,\Pi_s)$，其中 $C_0\subset C$ 是对象类有限集合，分为两种：抽象对象类 C_a 和实体对象类 C_c，isa_K 是子类定义有限集合，Λ 是属性定义有限集合，Υ_s 是角色关系说明有限集合，Π_s 是普通关系说明有限集合.

3.2 实 例 语 法

对象分类说明（object classification specification）是一个表达式：

$$\{c_1,\cdots,c_m\}\ o \tag{3.10}$$

其中 $c_1,\cdots c_m\in C$ $(m\geqslant 1)$ 是类名，$o\in O$ 是对象标识. 当 $m=1$ 时，表示为 $c_1\ o$. 它表示 o 是 $c_1,\cdots,c_m\in C$ 的直接实例.

INM 支持多分类，每一个对象可以直接属于多个类进而间接地属于它们父类.

例 3.10 图 2.6 中对象"高级数据库"所属的类可以表示为如下对象分类说明：

研究生课程 高级数据库

它表示"高级数据库"是对象类"研究生课程"的直接实例，进而是其父类"课程"的间接实例.

例 3.11 图 2.6 中对象"Bob"所属的类可以表示为如下对象分类说明：

{校长,教授,副教练} Bob

它表示"Bob"分别是角色关系类"校长"、"教授"、"副教练"的直接实例，进而是"校领导"、"教师"和"人"的间接实例.

定义 3.2 （实例表达式（instance expression））实例表达式归纳地定义如下：

(1) 若 $a\in A$ 是一个属性名，$v_1,\cdots v_n\in V$ $(n>0)$ 是值，则 $a:\{v_1,\cdots v_n\}$ 是**属性表达**（attribute expression）.

(2) 若 $p_1,\cdots,p_n(n>0)$ 是属性表达式、关系表达式、角色表达式或者上下文语境信息表达式，则 $[p_1,\cdots,p_n]$ 是**元组表达式**（tuple expression）.

(3) 若 $o\in O$ 是一个对象标识，t 是一个可选的元组表达式，则 $o\ t$ 是**对象特征表达式**（object property expression）.

(4) 若 $r\in R$ 是一个普通关系名或上下文相关关系名，$o_{t_1},\cdots,o_{t_n}(n>0)$ 是对象特征表达式使得其可选的元组表达式只包含属性表达式，则 $r:\{o_{t_1},\cdots,o_{t_n}\}$ 是**普通关系表达式**（regular relationship expression）或者**上下文相关关系表达式**

(context-dependent relationship expression),取决于 r 的类型.

(5) 若 $r \in R$ 是一个角色关系名,t 是一个可选的元组表达式,则 $r\,t$ 是**角色关系特征表达式**(role relationship property expression).

(6) 若 r_t 是一个角色关系特征表达式使得其可选的元组表达式只包含属性表达式,$o_1, \cdots, o_m$ $(m \geqslant 0)$ 是对象标识,则 $r_t : \{o_1, \cdots, o_m\}$ 是**单节点角色关系表达式**(role relationship expression).若 $m=0$,只用 r_t 表示.若 r_p 是一个单节点角色关系表达式,$R_{p_1}, \cdots, R_{p_n}$ $(n>0)$ 是角色关系表达式,则 $r_p \rightarrow \{R_{p_1}, \cdots, R_{p_n}\}$ 是**层次角色关系表达式**(role relationship expression).即一个层次角色关系表达式是由单节点角色关系表达式所组成的层次结构.

(7) 若 $i \in N$ 是一个角色标识,$r_{t_1}, \cdots, r_{t_m}$ $(m>0)$ 是角色关系特征表达式使得它们各自可选的元组表达式要么包含属性表达式、上下文相关关系表达式或上下文语境信息表达式,要么只包含单个角色表达式,则 $i : \{r_{t_1}, \cdots, r_{t_m}\}$ 是**角色表达式**(role expression).

(8) 若 $o \in O$ 是一个对象标识,r_t 是一个角色关系特征表达式使得其可选的元组表达式要么包含属性表达式、上下文相关关系表达式或上下文语境信息表达式,要么只包含单个角色表达式,则 $o.\,r_t$ 是**对象角色特征表达式**(object role property expression).

(9) 若 $r \in R$ 是一个上下文关系名,$i \in N$ 是一个角色标识,$o_{t_1}, \cdots, o_{t_m}$ $(m>0)$ 是对象特征表达式使得它们各自可选的元组表达式要么包含属性表达式、上下文相关关系表达式或上下文语境信息表达式,要么包含单个角色表达式,$o_{r_1}, \cdots, o_{r_m}$ $(m>0)$ 是对象角色特征表达式,则 $r : \{o_{t_1} \cdots, o_{t_m}\}$ 和 $i : \{o_{r_1}, \cdots, o_{r_m}\}$ 是**上下文语境信息表达式**(context-dependent information expressions).对于一个上下文语境信息表达式,如果将其中的 o_{t_j} 和 $o_{r_{t_j}}$ $(1 \leqslant i \leqslant m)$ 分别展开可以表示为

$$\beta_1[\rho_{1_1}, \cdots, \rho_{1_{s_1}}, \beta_2[\rho_{2_1}, \cdots, \rho_{2_{s_2}}, \cdots, \beta_1[\rho_{1_1}, \cdots, \rho_{1_{s_d}}]\cdots]] \quad (l \geqslant 1, s_l \geqslant 0)$$

对于 o_{t_j} 中的 $\beta_k (1 \leqslant k \leqslant l)$,当 $k=1$ 时,β_k 是形如 $o_k[i_{k_1} : r_{k_1}[\cdots[i_{k_n} : r_{k_n}]\cdots]]$ $(n \geqslant 0)$ 的上下文;对于 $o_{r_{t_j}}$ 中的 β_k $(1 \leqslant k \leqslant l)$,当 $k=1$ 时,β_k 是形如

$$o_k.\,r_k[i_{k_1} : r_{k_1}[\cdots[i_{k_n} : r_{k_n}]\cdots]] \quad (n \geqslant 0)$$

的上下文;当 $k>1$ 时,o_{t_j} 和 $o_{r_{t_j}}$ 中的 β_k 是以上两种形式的上下文中的任意一种,ρ_{i_j} $(1 \leqslant i \leqslant l, 0 \leqslant j \leqslant s_l)$ 是属性或上下文相关关系表达式.

对于上述表达式中形如 $\{e_1, \cdots, e_n\}$ 的集合,如果 $n=1$,也可以省略 $\{\ \}$ 只用 e_1 表示.

例 3.12 以下是各种实例表达式示例:

(1) 属性表达式:

分数:85　开始年份:2008

（2）元组表达式：

[学号:0701,选修课程:OS[分数:85],角色:女子篮球队.运动员[开始年份:2008]]

（3）对象特征表达式：

MIT[身份:本科生[学号:0701,选修课程:OS[分数:85],

角色:女子篮球队.运动员[开始年份:2008]]]

（4）普通关系表达式：

先行课:操作系统[相关性:高]

（5）上下文相关关系表达式：

选修课程:OS[分数:85]

（6）角色关系特征表达式：

校领导[任期:3]

校长[任期:2,办公室:L-202]

本科生[学号:0701,选修课程:OS[分数:85],

角色:女子篮球队.运动员[开始年份:2008]

（7）角色关系表达式：

校领导[任期:3]→{副校长[办公室:L-201]:Ben,

校长[任期:2,办公室:L-202]:Bob}

（8）角色表达式：

身份:本科生[学号:0701,选修课程:OS[分数:85],

角色:女子篮球队.运动员[开始年份:2008]]

（9）对象角色特征表达式：

女子篮球队.副教练[开始年份:2005]

（10）上下文语境信息表达式：

就读于:MIT[身份:本科生[学号:0701,选修课程:OS[分数:85],

角色:女子篮球队.运动员[开始年份:2008]]]

职位:女子篮球队.副教练[开始年份:2005]

定义 3.3　（赋值（assignment））赋值的定义基于表达式,其定义如下：

（1）若 $o \in O$ 是一个对象标识,α 是一个属性表达式,则 $o[\alpha]$ 是**属性赋值**（attribute assignment）.

（2）若 $o \in O$ 是一个对象标识,γ_r 是一个角色关系表达式,则 $o[\gamma_r]$ 是**角色关系赋值**（role relationship assignment）.

（3）若 $o \in O$ 是一个对象标识,γ_n 是一个普通关系表达式,则 $o[\gamma_n]$ 是**普通关系赋值**（regular relationship assignment）.

（4）若 $o \in O$ 是一个对象标识,φ 是一个上下文语境信息表达式,则 $o[\varphi]$ 是**上下文语境信息赋值**（context-dependent information assignment）.

(5) 若 $o \in O$ 是一个对象标识，$\varepsilon_1, \cdots, \varepsilon_n (n > 0)$ 是属性表达式，角色关系表达式，普通关系表达式或者上下文语境信息表达式，则 $o[\varepsilon_1, \cdots, \varepsilon_n]$ 是**对象赋值**（object assignment）.

例 3.13 以下是各种赋值的示例：

（1）属性赋值：

MIT[排名:3]

它表示 MIT 有属性"排名"，其值是 3.

（2）角色关系赋值：

① 女子篮球队[运动员:Joy]

它表示"女子篮球队"与"Joy"有角色关系"运动员".

② MIT[校领导[任期:3]→{

   副校长[办公室:L-201]:Ben,

   校长[任期:2,办公室:L-202]:Bob}]

它表示"MIT"有以"校领导"为根的角色关系层次，"校领导"有角色子关系"副校长"和"校长"，它们的目标对象分别是"Ben"和"Bob". 同时，"校领导"有属性"任期"，其值是 3，"副校长"有属性"办公室"其值是 L-201，"校长"有属性"任期"和"办公室"，其值分别是 2 和 L-202，这些角色关系上的属性只和源对象"MIT"和角色关系有关，与目标对象"Ben"和"Bob"无关. 即无论谁是"副校长"或"校长"，这些属性的值都一样.

③ MIT[教师:Tom→{教授:Bob,讲师:Ben}]

它表示"MIT"有以"教师"为根的角色关系层次，其目标对象是"Tom"，"教师"有角色子关系"教授"和"讲师"，它们的目标对象分别是"Bob"和"Ben".

（3）普通关系赋值：

操作系统[选课者:{Joy[分数:85],Ada[分数:80]}]

它表示"操作系统"分别与"Joy"和"Ada"有普通关系"选课者". 基于这个关系，"操作系统"和"Joy"两者都有属性"分数"其值是 85，"操作系统"和"Ada"两者也有属性"分数"，其值是 80.

（4）上下文语境信息赋值：

① Bob[职位:女子篮球队.副教练[开始年份:2005]]

它表示"Bob"与"女子篮球队"之间有缺省了名字的上下文关系. 在该关系下，"Bob"的"职位"角色是"副教练". 在该上下文中，"Bob"有属性"开始年份"，其值是 2005.

② Ann[就读于:{MIT[身份:硕士生[学号:0301,

   选修课程:高级数据库[分数:90],

   导师:Bob]],

UCB[身份:硕士生[学号:0401]]]}

它表示"Ann"与"MIT"和"UCB"有上下文关系"就读于". 在这种关系下,"Ann"的"身份"角色是"硕士生". 在她作为"MIT 硕士生"的上下文中,她有属性"学号",其值是 0301,她与"高级数据库"有"选修课程"关系,其"分数"是 90,而且她与"Bob"有"导师"关系. 在她作为"UCB 硕士生"的上下文中,她有属性"学号",其值是 0401.

③ Bob[工作单位:MIT[职业:教师[职称:教授[开始年份:2001,

　　　　　　　　　　　　　　讲授课程:高级数据库,

　　　　　　　　　　　　　　指导研究生:Ann]]]]

它表示"Bob"与"MIT"有上下文关系"工作单位". 在这种关系下,"Bob"的"职业"角色是"教师","职称"角色是"教授". 在该上下文中,他有属性"开始年份",其值是 2001,他与"高级数据库"有"讲授课程"关系,与"Ann"有"指导研究生"关系.

④ Joy[就读于:MIT[身份:本科生[学号:0701,

　　　　　　　　　　　　选修课程:操作系统[分数:85],

　　　　　　　　　　　　角色:女子篮球队.运动员[开始年份:2008]]]]

它表示"Joy"与"MIT"有上下文关系"就读于". 在这种关系下,她的"身份"角色是"本科生". 在该上下文中,她有属性"学号",其值是 0701,她与"操作系统"有"选修课程"关系,其"分数"是 85. 此外,"Joy"还与"女子篮球队"之间有缺省了名字的上下文关系. 在该关系下,"Joy"的角色是"运动员". 在这种嵌套的上下文中,她有属性"开始年份",其值是 2008.

对象说明(object specification)是一个表达式:

$$\{c_1,\cdots,c_m\}\ o[\varepsilon_1,\cdots,\varepsilon_n] \tag{3.11}$$

其中 $\{c_1,\cdots,c_m\}\ o\ (m\geqslant 1)$ 是一个对象分类说明,$o[\varepsilon_1,\cdots,\varepsilon_n]\ (n>0)$ 是一个对象赋值.

图 2.6 所示的对象可以用如下的对象说明(程序 3.2)来表示:

程序 3.2　对象说明

私立大学 MIT[

　排名:3,

　开设课程:(高级数据库,操作系统),

　包括:女子篮球队,

　校领导[任期:3]→{副校长[办公室:L-201]:Ben,校长[任期:2,办公室:L-202]:Bob},

　教师:Tom→{教授:Bob,讲师:Ben},

　学生→{研究生→{硕士生:Ann,博士生:Amy},本科生:{Joy,Ada}}

公立大学 UCB[

　教师→教授:Bev,

学生→研究生→{硕士生:Ann,博士生:Ann}]

研究生课程 高级数据库[

　　学分:3,

　　先行课:操作系统[相关性:高],

　　开课单位:MIT,

　　授课者:Bob,

　　选课者:Ann[分数:90]]

本科生课程 操作系统[

　　学分:2,

　　后续课:高级数据库[相关性:高],

　　开课单位:MIT,

　　授课者:Ben,

　　选课者:{Joy[分数:85],Ada[分数:80]}]

校队 女子篮球队[

　　隶属:MIT,

　　运动员:Joy,

　　副教练:{Bob,Tom}]

副校长,讲师 Ben[

　　工作单位:MIT[职务:副校长[开始年份:2007]],

　　工作单位:MIT[职业:教师[职称:讲师[开始年份:2004,讲授课程:操作系统]]]]

{校长,教授,副教练}Bob[

　　年龄:45,

　　工作单位:MIT[职务:校长[开始年份:2007]],

　　工作单位:MIT[职业:教师[职称:教授[

　　　　　　　　开始年份:2001,讲授课程:高级数据库,指导研究生:{Ann,Amy}]]],

　　职位:女子篮球队.副教练[开始年份:2005]]

教授 Bev[

　　年龄:45,

　　工作单位:UCB[职业:教师[职称:教授[指导研究生:Ann]]]]

{教师,副教练}Tom[

　　年龄:41,

　　工作单位:MIT[职业:教师],

　　职位:女子篮球队.副教练[开始年份:2005]]

{硕士生,博士生}Ann[

　　性别:女,

　　就读于:{MIT[身份:硕士生[学号:0301,选修课程:高级数据库[分数:90],导师:Bob]],

　　　　　　UCB[身份:硕士生[学号:0401]]},

就读于:UCB[身份:博士生[学号:0601,导师:Bev]]]

博士生 Amy[

　　就读于:MIT[身份:博士生[导师:Bob]]]

本科生 Ada[

　　就读于:MIT[身份:本科生[学号:0702,选修课程:操作系统[分数:80]]]]

运动员 Joy[

　　就读于:MIT[身份:本科生[学号:0701,选修课程:操作系统[分数:85],

　　　　　　　　　　　　角色:女子篮球队.运动员[开始年份:2008]]]]

对象说明对于模式而言必须是强类型化和一致的,这些问题将在 3.3.4 小节讨论.

定义 3.4 （实例(instance)）实例 I 是对象说明的集合,它可以表示为一个元组 $I=(\pi,\sigma,\delta,\eta,\lambda)$,其中 π 是对象分类说明集合,σ 是属性赋值集合,δ 是角色关系赋值集合,η 是普通关系赋值集合,λ 是上下文语境信息赋值集合.

3.3　语　　义

在 INM 中,任何关系都可能有逆关系. 角色关系与上下文关系互逆,普通关系和普通关系或上下文相关关系互逆,上下文相关关系和普通关系或上下文相关关系互逆,见表 2.2. 在 INM 建模语言中,关系及其逆关系都在一个关系说明中指定. 一个角色关系说明既指定了角色关系,其逆关系和逆关系下嵌套的角色标识,也指定了由角色关系所派生的角色关系类的上下文相关关系及其逆关系. 而一个普通关系说明则指定了普通关系及其逆关系. 所以 INM 的建模语言的最大特点是简洁、集成度高、涵盖的语义丰富,因而可以简化建模.

本书将在 3.3.1 小节讨论角色关系说明和普通关系说明如何分解为与关系及其逆关系有联系的定义或说明集合;在 3.3.2 小节阐述 INM 中关系和类的层次及其继承,包括角色关系在模式级别和实例级别的继承、对象类继承、角色关系类继承;在 3.3.3 小节讨论在考虑继承(inheritance)和覆盖(overridden)的情况下逆(inverse)的语义;在 3.3.4 小节讨论 INM 的约束,包括强类型(well-typeness)和互逆关系的一致性约束(consistency constraints).

3.3.1　关系说明的语义

首先讨论角色关系说明的语义. 设 $E=c[role\ R{:}c'(r_c)]$ 是一个角色关系说明,其中R 是形如(3.6)所示的节点层次,对于该层次中的每一个节点 $v=r\,[P_1,\cdots,P_n](i)$,$P_1,\cdots,P_l$ 是 r 上的普通属性声明,$P_{l+1},\cdots,P_m$ 是 r 上的上下文相关属性声明,$P_{m+1},\cdots,P_n(0{\leqslant}l,m{\leqslant}n)$ 是 r 上的上下文相关关系声明,c_r 是节点 v 中由角色关

系 r 所派生的角色关系类. 按如下方法遍历角色关系层次, E 可以分解为一个角色关系定义, 一组子类定义集合, 一组上下文语境信息说明集合.

角色关系定义(role relationship definition)从 E 中得到, 其形式为

$$E = c[role\ \mathbb{R}_p : c']$$

其中 $\mathbb{R}_p$ 通过操作符 p 对 $\mathbb{R}$ 进行如下递归操作得到: 若 $\mathbb{R}$ 是一个形如 $r[P_1,\cdots,P_n](i)$ 的单节点, 则 $\mathbb{R}_p = p(\mathbb{R}) = r[P_1,\cdots,P_n]$; 若 $\mathbb{R}$ 是一个形如 $r[P_1,\cdots,P_n](i) \rightarrow \{\mathbb{R},\cdots,\mathbb{R}\}$ 的角色关系层次, 则

$$\mathbb{R}_p = p(\mathbb{R}) = r[P_1,\cdots,P_n] \rightarrow \{p(\mathbb{R}),\cdots,P(\mathbb{R})\}.$$

一组子类定义集合按如下方法生成: 对于角色关系层次中的每一个节点 v, 需要考虑两种情况: v 是根节点或 v 不是根节点. 若 v 是根节点, 则子类定义是 $c_r\ isa\ c'$; 若 v 不是根节点并且 c_p 是 v 的父节点的角色关系名, 则子类定义 $c_r\ isa\ c_p$. 也就是说, 由角色关系所派生的角色关系类要么是对应角色关系目标类的子类, 要么是角色关系父节点派生的角色关系类的子类.

下面讨论遍历角色关系层次过程中生成组成上下文语境信息的上下文声明的过程. 对于每一个节点 v, 设 $\mathbb{C}_v$ 是 v 的上下文声明, 区分两种情况: 要么 v 是根节点或者 v 所有的祖先节点的上下文声明都为空, 要么 v 至少有一个祖先节点的上下文声明不为空. 对于第一种情况, 若 r_c 和 i 都没有给定, 则 $\mathbb{C}_v = \varnothing$; 若只有 r_c 给定, 则 $\mathbb{C}_v = r_c$; 若只有 i 给定, 则 $\mathbb{C}_v = i:c.r$; 若 r_c 和 i 都给定, 则 $\mathbb{C}_v = r_c:c[i:r]$. 对于第二种情况, 设 $\mathbb{C}_p$ 是节点 v 的上下文声明非空的最近祖先节点 p 的上下文声明, 若 v 没有角色标识 i, 则 $\mathbb{C}_v = \varnothing$; 若 v 与 p 有相同的角色标识, 则 $\mathbb{C}_v$ 通过将 $\mathbb{C}_p$ 中角色关系名 p 替换成 r 得到; 若 v 与 p 有不同的角色标识, 则 $\mathbb{C}_v$ 通过将 $i:r$ 加到 $\mathbb{C}_p$ 中作为其最里层的元组(tuple)得到. 所以, 一个节点的**上下文声明**(context declaration)有如下形式:

$$r_c:c[i_1:r_1[\cdots[i_n:r_n]\cdots]]\ |\ i:c.r[i_1:r_1[\cdots[i_n:r_n]\cdots]] \tag{3.12}$$

其中 $r_c \in R$ 是一个上下文关系, $c \in C$ 是一个对象类名, $i,i_1,\cdots,i_n \in I\ (n \geqslant 0)$ 是角色标识, $r,r_1,\cdots,r_n \in R\ (n \geqslant 0)$ 是角色关系名.

除了上下文声明, 当 $m \leqslant n$ 时, 角色关系层次中的每一个节点还有上下文相关关系声明 $P_{m+1},\cdots,P_n$, 每个 P_i 形如 $cd\ r_b[A_1,\cdots,A_p]:c_b(r'_b)\ (p \geqslant 0)$ 表示一对单向关系声明, 分别用 P'_i 和 P''_i 表示, 其中 $p'_i = cd\ r_b[A_1,\cdots,A_p]:c_b$, 对于 P''_i, 有三种情况: r'_b 给定并且 c_b 是一个对象类; r'_b 给定并且 c_b 是一个角色关系类; r'_b 没有给定. 对于第一种情况, $P''_i = r'_b[A_1,\cdots,A_p]:c_r$ 并且生成一个普通关系定义 $c_b[P''_i]$. 对于第二种情况, $P''_i = cd\ r'_b[A_1,\cdots,A_p]:c_r$ 并且将 P''_i 加到 c_b 的上下文语境信息说明中. 对于第三种情况, P''_i 为空. 当 P''_i 非空时, 单向关系声明 P'_i 和 P''_i 互逆, 它们用于定义上下文相关关系的逆语义, 见 3.3.3 小节.

　　基于上述得到的上下文相关属性声明 $P_{l+1},\cdots,P_m$, 上下文声明 $\mathbb{C}_v$, 单向上下文相关关系声明 $P'_{m+1},\cdots,P'_n$. 上下文相关说明集合按如下方法生成: 若 v 是角色关系层次的根节点, 则 c_r 的上下文语境信息说明的形式为

$$c_r[def\ \mathbb{C}_v, P_{l+1},\cdots,P_m, P'_{m+1},\cdots,P'_n]$$

否则, 其形式为

$$c_r[\mathbb{C}_v, P_{l+1},\cdots,P_m, P'_{m+1},\cdots,P'_n]$$

在两种情况下, $\mathbb{C}_v$ 都可能为空. 换句话说, 关键字 def 表示角色关系类 c_r 是以 r 为根的角色关系层次派生的角色关系类层次的根节点. 此外, c_r 有上下文相关属性或上下文相关单向关系声明.

　　因此, 角色关系类 c_r 的**上下文语境信息说明**(context-dependent information specification)有如下形式:

$$c_r[def\ \mathbb{C}, cd\ P_1, \cdots, cd\ P_n] \tag{3.13}$$

其中 $c_r \in C$ 是角色关系类名, 关键字 def 为可选项, $\mathbb{C}$ 是形如(3.12)可选的上下文声明, $P_1,\cdots,P_n(n \geqslant 0)$ 是属性或者单向关系声明.

　　上下文语境信息说明表示角色关系类 c_r 有如下三种上下文声明: 若关键字 def 给定, 则 c_r 有**定义好的上下文声明**(defined context declaration); 若关键字 def 没有给定并且 $\mathbb{C}$ 不为空, 则 c_r 有**覆盖的上下文声明**(overridden context declaration); 否则, c_r 没有上下文声明. 此外, c_r 还有零个或多个上下文相关属性或上下文相关单向关系声明. 形如 $r_c:c[i_1:r_1[\cdots[i_n:r_n]\cdots]]$ 的上下文声明 $\mathbb{C}$ 表示 c_r 与 c 有上下文关系 r_c, 在该关系下, c_r 有角色 $i_1:r_1,\cdots,i_n:r_n$. 而形如

$$i:c.\,r[i_1:r_1[\cdots[i_n:r_n]\cdots]]$$

的上下文声明 $\mathbb{C}$ 则表示 c_r 与 c 有省略了关系名的上下文关系, 在该关系下, c_r 有角色 $i_1:r_1,\cdots,i_n:r_n$.

　　例 3.14　例 3.3 中的角色关系说明可以分解为如下一个角色关系定义, 一组子类定义集合, 一组上下文语境信息说明集合:

大学[role 校领导[@办公室:String,@任期:Int]→{校长,副校长}:人]

校领导 isa 人

校长 isa 校领导

副校长 isa 校领导

校领导[def 工作单位:大学[职务:校领导],
　　　　cd @开始年份:Int]

校长[工作单位:大学[职务:校长]]

副校长[工作单位:大学[职务:副校长]]

　　例 3.15　例 3.4 中的角色关系说明可以分解为如下一个角色关系定义, 一组子类定义集合, 一组上下文语境信息说明集合:

大学[role 教师→{教授,讲师}:人]

教师 isa 人

教授 isa 教师

讲师 isa 教师

教师[def 工作单位:大学[职业:教师],

      cd @开始年份:Int]

教授[工作单位:大学[职业:教师[职称:教授]]]

讲师[工作单位:大学[职业:教师[职称:讲师]]]

例 3.16 例 3.5 中的角色关系说明可以分解为如下一个角色关系定义,一组子类定义集合,一组上下文语境信息说明集合,一组普通关系定义集合:

大学[role 学生→{研究生→{硕士生,博士生},本科生}:人]

学生 isa 人

研究生 isa 学生

硕士生 isa 研究生

博士生 isa 研究生

本科生 isa 学生

学生[def 就读于:大学,

      cd @学号:String,

      cd 选修课程[@分数:Int]:课程]

研究生[cd 选修课程[@分数:Int]:研究生课程

       cd 导师:教授]

硕士生[就读于:大学[身份:硕士生]]

博士生[就读于:大学[身份:博士生]]

本科生[就读于:大学[身份:本科生],

      cd 选修课程[@分数:Int]:本科生课程]]

教授[工作单位:大学[职业:教师[职称:教授]],

      cd 指导研究生:研究生]

课程[选课者[@分数:Int]:学生]

研究生课程[选课者[@分数:Int]:研究生]

本科生课程[选课者[@分数:Int]:本科生]

例 3.17 例 3.6 是以学生为根的角色关系层次且缺省了逆关系和角色标识,它可以分解为如下一个角色关系定义,一组子类定义集合,一组上下文语境信息说明集合,一组普通关系定义集合:

大学[role 学生→{研究生→{硕士生,博士生},本科生}:人]

学生 isa 人

研究生 isa 学生

硕士生 isa 研究生

博士生 isa 研究生

本科生 isa 学生

学生[cd @学号:String,

　　　cd 选修课程[@分数:Int]:课程]

研究生[cd 选修课程[@分数:Int]:研究生课程,

　　　cd 导师:教授]

本科生[cd 选修课程[@分数:Int]:本科生课程]]

教授[工作单位:大学[职业:教师[职称:教授]],

　　　cd 指导研究生:研究生]

课程[选课者[@分数:Int]:学生]

研究生课程[选课者[@分数:Int]:研究生]

本科生课程[选课者[@分数:Int]:本科生]

例 3.18　例 3.7 中的角色关系说明可以分解为如下一个角色关系定义,一个子类定义和一个上下文语境信息说明:

校队[role 运动员:本科生]

运动员 isa 本科生

运动员[def 角色:校队.运动员,

　　　cd @开始年份:Int]

下面讨论普通关系说明的语义.

普通关系说明的形式如(3.8)所示,它可以分解为一对互逆的关系定义(如果 r' 存在的话). 在这一对关系定义中,第一个定义是如下形式的**普通关系定义**(regular relationship definition):

$$c[r[A_1,\cdots,A_m]:c']$$

若 r' 没有给出,则第二个定义为空;否则,若 c' 是对象类,则第二个定义是如下形式的**普通关系定义**:

$$c'[r'[A_1,\cdots,A_m]:c]$$

这一对普通关系定义**互逆**. 若 c 是角色关系类,则第一个普通关系定义的逆是 c 的单向上下文关系声明 $cd\ r[A_1,\cdots,A_m]:c$.

用关系声明,上述互逆的普通关系定义可以简化地表示为

$$c[R]\quad 和\quad c'[R']$$

其中 R 和 R' 是单向关系声明.

例 3.19　例 3.8 中的第一个普通关系说明可以分解为如下形式的一对互逆的普通关系定义:

大学[开设课程:课程]

课程[开课单位:大学]

例 3.20　例 3.9 中的第一个普通关系说明可以分解为如下形式的一对互逆

的普通关系定义:

  课程[先行课[@相关性:String]:课程]

  课程[后续课[@相关性:String]:课程]

第二个普通关系说明可以分解为以下定义:

  课程[授课者:教师]

  教师[cd 讲授课程:课程]

  需要注意的是,在考虑继承的情况下,任何一个普通关系定义可能与一个普通关系定义或一个上下文语境信息定义的层次互逆,见 3.3.3 小节.

  如上所述,一个类的所有信息分散表示在包含角色关系说明和普通关系说明的一个或多个形如(3.9)的对象类说明中. 根据这两种关系说明,可以获得属性定义、角色关系定义、上下文语境信息说明和普通关系定义. 通过将这些定义或说明组合在一起,可以得到两种类定义:对象类定义和角色关系类定义.

  对象类定义(object class definition)是一个表达式:

$$abstract\ class\ c\ isa\ c_1,\cdots,c_m[P_1,\cdots,P_n] \tag{3.14}$$

其中关键字 $abstract$ 为可选项, $c\ isa\ c_1,\cdots,c_m$ $(m\geq0)$ 是子类定义, $c[P_1],\cdots c[P_n]$ $(n\geq0)$ 是属性定义、角色关系定义或者普通关系定义.

  角色关系定义(role relationship class definition)是一个表达式:

$$class\ c\ isa\ c_1,\cdots,c_m[def\ \mathbb{C},cd\ P_1,\cdots,cd\ P_n] \tag{3.15}$$

其中 $c\ isa\ c_1,\cdots,c_m(m\geq0)$ 是子类定义, $c[def\ \mathbb{C},cd\ P_1,\cdots,cd\ P_n]$ $(n\geq0)$ 是上下文语境信息说明.

  程序 3.1 所示的对象类说明最终分解为程序 3.3 所示的对象类定义和程序 3.4 所示的角色关系类定义.

程序 3.3   对象类定义

abstract class 大学[

 @排名:Int,

 开设课程:课程,

 包括:校队,

 role 校领导[@办公室:String,@任期:Int]→{校长,副校长}:人,

 role 教师→{教授,讲师}:人,

 role 学生→{研究生→{硕士生,博士生},本科生}:人]

class 私立大学 isa 大学

class 公立大学 isa 大学

abstract class 课程[

 @学分:Int,

 先行课[@相关性;String]:课程,

后续课[@相关性:String]:课程,

　开课单位:大学,

　授课者:教师,

　选课者[@分数:Int]:学生]

class 研究生课程 isa 课程[

　选课者[@分数:Int]:研究生]

class 本科生课程 isa 课程[

　选课者[@分数:Int]:本科生]

class 校队[

　隶属:大学,

　role 运动员:本科生,

　role 副教练:人]

class 人[

　@性别:String,

　@年龄:Int]

程序 3.4　角色关系类定义

class 校领导 isa 人[

　def 工作单位:大学[职务:校领导],

　cd @开始年份:Int]

class 校长 isa 校领导[

　工作单位:大学[职务:校长]],

class 副校长 isa 校领导[

　工作单位:大学[职务:副校长]]

class 教师 isa 人[

　def 工作单位:大学[职业:教师],

　cd @开始年份:Int,

　cd 讲授课程:课程]

class 教授 isa 教师[

　工作单位:大学[职业:教师[职称:教授]],

　cd 指导研究生:研究生]

class 讲师 isa 教师[

　工作单位:大学[职业:教师[职称:讲师]]]

class 学生 isa 人[

　def 就读于:大学,

　cd @学号:String,

　cd 选修课程[@分数:Int]:课程]

class 研究生 isa 学生[

    cd 选修课程[@分数:Int]:研究生课程,

    cd 导师:教授]

class 硕士生 isa 研究生[

    就读于:大学[身份:硕士生]]

class 博士生 isa 研究生[

    就读于:大学[身份:博士生]]

class 本科生 isa 学生[

    就读于:大学[身份:本科生],

    cd 选修课程[@分数:Int]:本科生课程]

class 运动员 isa 本科生[

    def 角色:校队.运动员,

    cd @开始年份:Int]

class 副教练 isa 人[

    def 职位:校队.副教练,

    cd @开始年份:Int]

给定一个对象类说明,经过关系的分解以后可以得到对象类或角色关系类定义. 所以引入如下概念.

定义 3.5 (**模式定义**(schema definition))设 $K_s = (C_0, isa_K, \Lambda, \Upsilon_s, \Pi_s)$ 是一个模式说明,则基于 K_s 的模式 K 是一个对象类定义和角色关系类定义的有限集合,它可以表示为一个元组 $K = (C, isa, \Lambda, \Upsilon, \Pi, \Psi)$,其中 C 是 C_0 和角色关系类 C_r 的并集,isa 是将 isa_K 扩展到角色关系类的子类定义有限集合,Λ 是属性定义有限集合,Υ 是角色关系定义有限集合,Π 是普通关系定义有限集合,Ψ 是上下文语境信息说明有限集合.

定义 3.6 (**数据库**)数据库 $DB = (K, I)$ 有两个部分组成:模式 $K = (C, isa, \Lambda, \Upsilon, \Pi, \Psi)$ 和实例 $I = (\pi, \sigma, \delta, \eta, \lambda)$,可以表示为一个元组 $DB = (C, isa, \Lambda, \Upsilon, \Pi, \Psi, \pi, \sigma, \delta, \eta, \lambda)$.

3.3.2 层次和继承

在 INM 中,对象类和角色关系类都可以形成不相交的类层次,角色关系类层次由对象类说明中的角色关系层次派生而来.

设 $DB = (C, isa, \Lambda, \Upsilon, \Pi, \Psi, \pi, \sigma, \delta, \eta, \lambda)$ 是数据库,用 isa^* 来表示 isa 的传递闭包,用 $\Lambda^*, \Upsilon^*, \Pi^*, \Psi^*, \delta^*$ 分别表示在考虑了继承和覆盖以后的属性定义、角色关系定义、普通关系定义、上下文语境信息说明、角色关系赋值的结果.

首先讨论角色关系的继承. 在 INM 中,为了表示元数对象之间的复杂关系,角色关系可以进一步特化为角色关系层次并且每一个角色关系可以有一个或多个普通属性用来表述角色关系本生的特性. INM 支持角色关系在模式级别和实例级别的继承和覆盖.

在模式级别,一个角色关系层次中的子关系继承或覆盖其父关系的普通属性. 可以将其形式化地定义如下:

Υ_r 按如下方法从 Υ 中得到. 对于每一个角色关系定义 $E = c[role\ R_p : c'] \in \Upsilon$, 若$R_p$ 是一个单节点角色关系,则 $E = E' \in \Upsilon_r$;若R_p 是一个层次角色关系,则 $E' = c[role\ R'_p : c'] \in \Upsilon_r$. 其中$R'_p$按如下方法从$R_p$ 中得到:R'_p根节点是R_p 的根节点,对于除了根节点以外的每一个节点 $v = r[P_1, \cdots, P_n]$,设 $Q_1, \cdots, Q_m$ 是R'_p的父节点中属性名不同于 $P_1, \cdots, P_n$ 的属性声明,则在R'_p中与节点 v 相同的位置生成节点 $v' = r[Q_1, \cdots, Q_m, P_1, \cdots, P_n]$. 即每一个角色关系继承其角色父关系没有被覆盖 (overridden)的属性声明.

例 3. 21 例 3.14角色关系定义中,"校长"和"副校长"是"校领导"的角色子关系,所以它们从"校领导"继承其普通属性"办公室"和"任期",可以表示如下:

大学[role 校领导[@办公室:String,@任期:Int]→{

校长[@办公室:String,@任期:Int],

副校长[@办公室:String,@任期:Int]}:人]

在实例级别,每一个角色关系上有与其最相关的普通属性值,任何角色子关系可以继承或覆盖其角色父关系上的属性值. 可以将其形式化地定义如下:

δ^* 按如下方法从 δ 中得到. 对于每一个角色关系赋值 $e = o[\gamma_r] \in \delta$,若 γ_r 是一个单节点角色关系表达式,则 $e' = e \in \delta^*$;若 γ_r 是一个层次角色关系表达式,则 $e' = o[\gamma_r] \in \delta$. 其中 γ'_r按如下方法从 γ_r 中得到:γ'_r的根节点是 γ_r的根节点. 对于除了根节点以外的每一个节点 $v = r[\alpha_1, \cdots, \alpha_n]:\{o_1, \cdots, o_m\}$,设 $\beta_1, \cdots, \beta_t$ 是 γ'_r的父节点中属性名不同于 $\alpha_1, \cdots, \alpha_n$ 的属性表达式,则在 γ'_r中与节点 v 相同的位置生成节点 $v' = r[\beta_1, \cdots, \beta_t, \alpha_1, \cdots, \alpha_n]:\{o_1, \cdots, o_m\}$. 即每一个角色子关系继承其角色父关系没有被覆盖的属性表达式.

例 3. 22 考虑例 3.13 中角色关系赋值②,"校领导"有最相关的属性"任期", "副校长"继承该属性值而"校长"覆盖该属性值,可以表示如下:

MIT[校领导[任期:3]→{副校长[任期:3,办公:L-201]:Ben,

校长[任期:2,办公室:L-202]:Bob}]

下面讨论类的继承. 首先,对象类可以形成静态类层次并且可以继承或覆盖其父类的属性或关系. 其次,如 3.1 节所述,角色关系类表示具有相同特性的对象集合,这些对象是派生角色关系类的角色关系的目标类的实例,并且在角色关系的源类的实例所在的上下文中参与了对应的角色关系. 因此,角色关系类继承或覆盖其对应角色关系的目标类的普通属性、普通关系和角色关系. 简化起见,禁止角色关系的覆盖(overridden).

对于以上两种类的继承,可以形式化的定义如下:

$$\Lambda^* = \Lambda \cup \{c[@a:t] \mid c \in C \text{ 是类,存在一个对象类 } c' \text{ 使得 } c \text{ isa}^* c',$$
$$c'[@a:t] \in \Lambda \text{ 且 } \exists c[@a:t'] \in \Lambda\}$$

即每一个类继承其父类的未被覆盖的普通属性.

$$\Pi^* = \Pi \cup \{c[r[A_1,\cdots,A_m]:c'] \mid c \in C \text{ 是类,存在一个对象类 } c_1 \text{ 使得 } c \text{ isa}^* c_1,$$
$$c_1[r[A_1,\cdots,A_m]:c'] \in \Pi \text{ 且 } \exists c[r[A_1',\cdots,A_n']:c_2] \in \Pi\}$$

即每一个类继承其父类的未被覆盖的普通关系.

$$\Upsilon^* = \Upsilon_r \cup \{c[role \; \mathbb{R}_p:c'] \mid c \in C \text{ 是类,存在一个对象类 } c_1 \text{ 使得 } c \text{ isa}^* c_1 \text{ 且}$$
$$c_1[role \; \mathbb{R}_p:c'] \in \Upsilon_r\}$$

即每一个类继承其父类的角色关系.

例 3.23 "私立大学"是"大学"的子类,所以它可以继承"大学"的普通属性"排名",普通关系"开设课程"和"包括"以及分别以"校领导"、"教师"和"学生"为根的角色关系层次."私立大学"继承其父类后得到如下定义:

```
class 私立大学[
    @排名:Int,
    开设课程:课程,
    包括:校队,
    role 校领导[@办公室:String,@任期:Int]→{
            校长[@办公室:String,@任期:Int],
            副校长[@办公室:String,@任期:Int]}:人,
    role 教师→{教授,讲师}:人,
    role 学生→{研究生→{硕士生,博士生},本科生}:人]
```

再考虑另外一个例子,例 3.16 中的角色关系类"学生"是"人"的子类,所以它继承"人"的普通属性"性别"和"年龄".

最后讨论角色关系类层次中子类对父类的继承.一个角色关系层次可以派生一个角色关系类层次,该层次中的子类继承或覆盖其父类的上下文、上下文相关属性、上下文相关关系,根据这三者可以形成角色关系类的上下文语境信息.INM 建模语言的特色之一就是能直接自然地支持对象特征(object property)的上下文语境信息表示和访问,所采取的机制是将上下文相关属性声明和上下文相关单向关系声明嵌套在上下文声明中来表示角色关系类的上下文语境信息.

下面将形式化地定义上述角色关系类层次中角色关系子类对父类的继承.

Ψ^* 是角色关系类的上下文语境信息定义集合,它由形如(3.13)的上下文语境信息说明集合按如下方法得到:

设 $c_r[def \; \mathbb{C}, cd \; P_1, \cdots, cd \; P_n] \in \Psi$ 是一个上下文语境信息说明,其中 $P_1, \cdots,$

P_n（$n \geqslant 0$）是 c_r 的属性声明或单向关系声明，并且使得 c_r isa c'. 根据表达式（3.13）中的上下文声明，考虑三种情况：c_r 有定义好的（defined）上下文声明；c_r 有覆盖的（overridden）上下文声明；c_r 没有上下文声明. 对于第一种情况，若 c' 没有上下文语境信息定义且 $\mathbb{C}$ 不为空或 $n > 0$，则 c_r 的上下文语境信息定义是 $c_r[\mathbb{C}[P_1, \cdots, P_n]]$；若 c' 有上下文语境信息定义 E，则 c_r 的上下文语境信息定义是通过将 $\mathbb{C}[P_1, \cdots, P_n]$ 加 E 中 c' 的上下文声明的元组下而得到. 对于第二种情况，若 c' 没有上下文语境信息定义，则 c_r 的上下文语境信息定义是 $c_r[\mathbb{C}[P_1, \cdots, P_n]]$；若 c' 有上下文语境信息定义 E，设其上下文声明是 $\mathbb{C}'$，则 c_r 的上下文语境信息定义是通过将 E 中的 $\mathbb{C}'$ 替换成 $\mathbb{C}$，并且将 $P_1, \cdots, P_n$ 加到 E 中 c' 的上下文声明的元组下，然后删除 E 中 c' 的上下文声明元组下与 $P_1, \cdots, P_n$ 同名的属性声明或单向关系声明而得到. 需要注意的是，以上两种情况中若 $n = 0$，省略元组的括号. 对于第三种情况，若 c' 没有上下文语境信息定义且 $n > 0$，则 c_r 的上下文语境信息定义是 $c_r[P_1, \cdots, P_n]$；若 c' 有上下文语境信息定义 E，则 c_r 的上下文语境信息定义是通过将 $P_1, \cdots, P_n$ 加到 E 中 c' 的上下文声明的元组下，并且删除 E 中 c' 的上下文声明元组下与 $P_1, \cdots, P_n$ 同名的属性声明或单向关系声明而得到.

通过以上方法所得到的角色关系类的上下文语境信息定义，存在零个或多个上下文声明、上下文相关属性声明、上下文相关单向关系声明. 此外，上下文相关属性或单向关系声明嵌套在相应的上下文声明中. 因此，Ψ^* 中角色关系类 c_r 的**上下文语境信息定义**（context-dependent information definition）有如下形式：

$$c_r[\mathbb{C}_1[P_{1_1}, \cdots, P_{1_{t_1}}, \mathbb{C}_2[P_{2_1}, \cdots, P_{2_{t_2}}, \cdots, \mathbb{C}_n[P_{n_1}, \cdots, P_{n_{t_n}}]\cdots]]] \qquad (3.16)$$

其中 $\mathbb{C}_1, \cdots, \mathbb{C}_n$ 是可选的形如（3.12）的上下文声明，$P_{1_1}, \cdots, P_{1_{t_1}}, P_{2_1}, \cdots, P_{2_{t_2}}, \cdots, P_{n_1}, \cdots, P_{n_{t_n}}$（$1 \leqslant i \leqslant n, t_i \geqslant 0$）是属性声明或单向关系声明.

例 3.24　考虑角色关系类"学生"、"本科生"、"运动员"的上下文语境信息定义，它们从例 3.16 和例 3.18 中对应的角色关系类的上下文语境信息说明中得到. "学生"有定义好的（defined）上下文声明和两个上下文相关属性和单向关系声明，它的父类"人"没有上下文声明，所以"学生"的上下文语境信息定义如下：

学生[就读于:大学[@学号:String,选修课程[@分数:Int]:课程]]]

"本科生"有覆盖的（overridden）上下文声明和一个上下文相关单向关系声明，其父类"学生"的上下文语境信息定义如上所示，其上下文声明是"学生[就读于:大学]"，所以"本科生"的上下文语境信息定义是通过将"学生"上下文语境信息定义中的上下文声明替换成"本科生[就读于:大学[身份:本科生]]"，并且将上下文相关单向关系声明"选修课程[@分数:Int]:本科生课程"加到"本科生"的上下文声明元组下，然后删除其下的"选修课程[@分数:Int]:课程]"而得到. 因此，"本科生"的上下文语境信息定义如下：

  本科生[就读于:大学[身份:本科生[

    @学号:String,

    选修课程[@分数:Int]:本科生课程]]]

"运动员"有定义好的(defined)上下文声明和一个上下文相关属性声明,其父类"本科生"有如上上下文语境信息定义.所以,"运动员"的上下文语境信息定义是通过将"角色:校队.运动员[@开始年份:Int]"嵌套到"本科生"的上下文声明的元组下而得到.因此,运动员"的上下文语境信息定义如下：

  运动员[就读于:大学[身份:本科生[

    @学号:String,

    选修课程[@分数:Int]:本科生课程,

    角色:校队.运动员[@开始年份:Int]]]]

类似地,例3.14～3.16中其他角色关系类的上下文语境信息定义如下：

  校领导[工作单位:大学[职务:校领导[@开始年份:Int]]]

  副校长[工作单位:大学[职务:副校长[@开始年份:Int]]]

  校长[工作单位:大学[职务:校长[@开始年份:Int]]]

  教师[工作单位:大学[职业:教师[@开始年份:Int,讲授课程:课程]]]

  教授[工作单位:大学[职业:教师[职称:教授[

    @开始年份:Int,

    讲授课程:课程,

    指导研究生:研究生]]]]

  讲师[工作单位:大学[职业:教师[职称:讲师[

    @开始年份:Int,

    讲授课程:课程]]]]

  研究生[就读于:大学[

    @学号:String,

    选修课程[@分数:Int]:研究生课程,

    导师:教授]]

  硕士生[就读于:大学[身份:硕士生[

    @学号:String,

    修课程[@分数:Int]:研究生课程,

    导师:教授]]]

  博士生[就读于:大学[身份:博士生[

    @学号:String,

    修课程[@分数:Int]:研究生课程,

    导师:教授]]]

例 3.25 考虑对应于例3.17的角色关系类的上下文语境信息定义：

学生[@学号:String,选修课程[@分数:Int]:课程]

研究生[@学号:String,选修课程[@分数:Int]:研究生课程,导师:教授]

硕士生[@学号:String,选修课程[@分数:Int]:研究生课程,导师:教授]

博士生[@学号:String,选修课程[@分数:Int]:研究生课程,导师:教授]

本科生[@学号:String,选修课程[@分数:Int]:本科生课程]

若本科生是以上缺少上下文的上下文语境信息定义,则本科生的子类运动员的上下文语境信息定义如下:

运动员[@学号:String,

选修课程[@分数:Int]:本科生课程,

角色:校队.运动员[@开始年份:Int]]

考虑继承(inheritance)和覆盖(overridden)后,**类定义**(class definition)是一个表达式:

$$class\ c[P_1,\cdots,P_n] \tag{3.17}$$

其中$c[P_1],\cdots c[P_m](m\geqslant 1)$是属性定义、角色关系定义、普通关系定义或上下文语境信息定义.

在考虑继承和覆盖以后,程序3.3所示的对象类定义和程序3.4所示的角色关系类定义可以分别表示为程序3.5和程序3.6所示的类定义.

程序3.5　考虑继承的对象类定义

```
abstract class 大学[

    @排名:Int,

    开设课程:课程,

    包括:校队,

    role 校领导[@办公室:String,@任期:Int]→{

            校长[@办公室:String,@任期:Int],

            副校长[@办公室:String,@任期:Int]}:人,

    role 教师→{教授,讲师}:人,

    role 学生→{研究生→{硕士生,博士生},本科生}:人]

class 私立大学[

    @排名:Int,

    开设课程:课程,

    包括:校队,

    role 校领导[@办公室:String,@任期:Int]→{

            校长[@办公室:String,@任期:Int],

            副校长[@办公室:String,@任期:Int]}:人,

    role 教师→{教授,讲师}:人,

    role 学生→{研究生→{硕士生,博士生},本科生}:人]
```

```
class 公立大学[
    @排名:Int,
    开设课程:课程,
    包括:校队,
    role 校领导[@办公室:String,@任期:Int]→{
              校长[@办公室:String,@任期:Int],
              副校长[@办公室:String,@任期:Int]}:人,
    role 教师→{教授,讲师}:人,
    role 学生→{研究生→{硕士生,博士生},本科生}:人]
abstract class 课程[
    @学分:Int,
    先行课[@相关性:String]:课程,
    后续课[@相关性:String]:课程,
    开课单位:大学,
    授课者:教师,
    选课者[@分数:Int]:学生]
class 研究生课程[
    @学分:Int,
    先行课[@相关性:String]:课程,
    后续课[@相关性:String]:课程,
    开课单位:大学,
    授课者:教师,
    选课者[@分数:Int]:研究生]
class 本科生课程[
    @学分:Int,
    先行课[@相关性:String]:课程,
    后续课[@相关性:String]:课程,
    开课单位:大学,
    授课者:教师,
    选课者[@分数:Int]:本科生]
class 校队[
    隶属:大学,
    role 运动员:本科生,
    role 副教练:人]
class 人[
    @性别:String,
    @年龄:Int]
```

程序 3.6　考虑继承的角色关系类定义

class 校领导[

　@性别:String,

　@年龄:Int,

　工作单位:大学[职务:校领导[@开始年份:Int]]]

class 校长[

　@性别:String,

　@年龄:Int,

　工作单位:大学[职务:校长[@开始年份:Int]]]

class 副校长[

　@性别:String,

　@年龄:Int,

　工作单位:大学[职务:副校长[@开始年份:Int]]]

class 教师[

　@性别:String,

　@年龄:Int,

　工作单位:大学[职业:教师[@开始年份:Int]]]

class 教授[

　@性别:String,

　@年龄:Int,

　工作单位:大学[职业:教师[职称:教授[@开始年份:Int,

　　　　　　　　　　　　　　　讲授课程:课程,

　　　　　　　　　　　　　　　指导研究生:研究生]]]

class 讲师[

　@性别:String,

　@年龄:Int,

　工作单位:大学[职业:教师[职称:讲师[@开始年份:Int,讲授课程:课程]]]

class 副教练[

　@性别:String,

　@年龄:Int,

　职位:校队.副教练[@开始年份:Int]]

class 学生[

　@性别:String,

　@年龄:Int,

　就读于:大学[@学号:String,选修课程[@分数:Int]:课程]]

class 研究生[

　@性别:String,

```
    @年龄:Int,
    就读于:大学[@学号:String,选修课程[@分数:Int]:研究生课程,导师:教授]]
class 硕士生[
    @性别:String,
    @年龄:Int,
    就读于:大学[身份:硕士生[@学号:String,
                    选修课程[@分数:Int]:研究生课程,
                    导师:教授]]

class 博士生[
    @性别:String,
    @年龄:Int,
    就读于:大学[身份:博士生[@学号:String,
                    选修课程[@分数:Int]:研究生课程,
                    导师:教授]]

class 本科生[
    @性别:String,
    @年龄:Int,
    就读于:大学[身份:本科生[@学号:String,选修课程[@分数:Int]:本科生课程]]]
class 运动员[
    @性别:String,
    @年龄:Int,
    就读于:大学[身份:本科生[@学号:String,
                    选修课程[@分数:Int]:本科生课程,
                    角色:校队.运动员[@开始年份:Int]]]]
```

定义 3.7 π^* 若 $DB=(C,\mathrm{isa},\Lambda,\Upsilon,\Pi,\Psi,\pi,\sigma,\delta,\eta,\lambda)$ 是数据库，$c\in C$ 是类名，$o\in O$ 是对象标识，则 o 是 DB 中 c 的直接或间接实例，用 $c\,o\in\pi^*$ 表示，当且仅当存在一个类 c' 使得 $c'\,isa^*\,c$ 并且 $c'o\in\pi$.

π^* 表达实例继承的语义，即如果一个对象标识是 c 的直接实例，则它也是 c 的父类的间接实例.

例如，若"研究生课程 高级数据库$\in\pi$"且"研究生课程 isa^* 课程"，则有"课程 高级数据库$\in\pi^*$". 若"博士生 Ann$\in\pi$"且"博士生 isa^* 研究生"，"博士生 isa^* 学生"，"博士生 isa^* 人"，则有"研究生 Ann$\in\pi^*$"，"学生 Ann$\in\pi^*$"，"人 Ann$\in\pi^*$". 即 π 包含直接实例而 π^* 包含直接或间接实例.

定义 3.8 （模式和实例的语义）模式 K 的语义由 $(C,isa^*,\Lambda^*,\Upsilon^*,\Pi^*,\Psi^*)$ 给定，实例 I 的语义由 $(\pi^*,\sigma,\delta^*,\eta,\lambda)$ 给定.

考虑实例级别继承和覆盖以后，程序 3.2 所示的对象说明可以表示为如程序 3.7 所示.

程序 3.7　考虑继承的对象说明

私立大学 MIT[

　　　　排名:3,

　　　　开设课程:{高级数据库,操作系统},

　　　　包括:女子篮球队,

　　　　校领导[任期:3]→{

　　　　　　　　副校长[任期:3,办公室:L-201]:Ben,

　　　　　　　　校长[任期:2,办公室:L-202]:Bob},

　　　　教师:Tom→{教授:Bob,讲师:Ben},

　　　　学生→{研究生→{硕士生:Ann,博士生:Amy},本科生:{Joy,Ada}}]

公立大学 UCB[

　　　　教师→教授:Bev,

　　　　学生→研究生→{硕士生:Ann,博士生:Ann}}]

研究生课程 高级数据库[

　　　　学分:3,

　　　　先行课:操作系统[相关性:高],

　　　　开课单位:MIT,

　　　　授课者,Bob,

　　　　选课者:Ann[分数:90]]

本科生课程 操作系统[

　　　　学生:2,

　　　　后续课:高级数据库[相关性:高],

　　　　开课单位:MIT,

　　　　授课者:Ben,

　　　　选课者:{Joy[分数:85],Ada[分数:80]}]

校队女子 篮球队[

　　　　隶属:MIT,

　　　　运动员:Joy,

　　　　副教练:{Bob,Tom}]

{副校长,讲师} Ben[

　　　　工作单位:MIT[职务:副校长[开始年份:2007]],

　　　　工作单位:MIT[职业:教师[职称:讲师[开始年份:2004,讲授课程:OS]]]]

{校长,教授,副教练} Bob[

　　　　年龄:45,

　　　　工作单位:MIT[职务:校长[开始年份:2007]],

　　　　工作单位:MIT[职业:教师:[职称:教授[开始年份:2001,讲授课程:高级数据库,

　　　　　　　　　　　　指导研究生:{Ann,Amy}]]],

职位:女子篮球队.副教练[开始年份:2005]]

教授 Bev[

年龄:45,

工作单位:UCB[职业:教师[职称:教授[指导研究生:Ann]]]]

{教练,副教练} Tom[

年龄:41,

工作单位:MIT[职业:教师],

职位:女子篮球队.副教练[开始年份:2005]]

{硕士生,博士生} Ann[

性别:女,

就读于:{MIT[身份:硕士生[学号:0301,

选修课程:高级数据库[分数:90],

导师:Bob]],

UCB[身份:硕士生[学号:0401]]},

就读于:UCB[身份:博士生[学号:0601,导师.Dev]]]

博士生 Amy[

就读于:MIT[身份:博士生[导师:Bob]]]

本科生 Ada[

就读于:MIT[身份:本科生[学号:0702,选修课程:操作系统[分数:80]]]]

运动员 Joy[

就读于:MIT[身份:本科生[学号:0701,选修课程:操作系统[分数:85],角色:女子

篮球队.运动员[开始年份:2008]]]]

3.3.3 逆的语义

如 3.3.1 和 3.3.2 小节所述,任何关系都有可能有逆关系. 一个角色关系说明可以分解为一个角色关系定义、一组子类定义集合和一组上下文语境信息说明集合. 在考虑角色关系类继承的情况下,每一个上下文语境信息说明都对应一个上下文语境信息定义. 一个普通关系说明根据关系的类型可以分解为一对普通关系定义或者一个普通关系定义和一个上下文语境信息定义. 本节阐述在考虑继承的情况下各种关系定义的逆的语义,它们用于 3.3.4 小节一致性约束.

首先考虑角色关系定义的逆. 设 $E = c[role\ \mathbb{R}_p : c'] \in \Upsilon^*$ 是有 $n(n \geqslant 1)$ 个角色关系节点的角色关系定义,对于 $\mathbb{R}_p$ 中的每一个节点 $r_i[P_1, \cdots, P_m](m \geqslant 0)$,$E$ 的逆是 r_i 所派生的角色关系类 c_{r_i} 的上下文语境信息定义 $E'_i \in \Psi^* (1 \leqslant i \leqslant n)$ 的上下文声明. 因为对象类的继承,E 可能对应一个角色关系定义层次 $H \in \Upsilon^*$,而且角色关系类可能是另外一个角色关系定义的目标类. 因此,E'_i 可能对应一个上下文语境信息定义层次 $H'_i \in \Psi^*$. H 中每一个角色关系定义的逆是 $H'_i(1 \leqslant i \leqslant n)$ 中的上下

文语境信息定义的上下文声明.

例 3.26 例 3.16 中的角色关系定义 E 有五个角色关系"学生"、"研究生"、"硕士生"、"博士生"、"本科生",E 的逆是由它们所派生的角色关系类的上下文语境信息定义的上下文声明."大学"有子类"私立大学"和"公立大学",所以 E 对应如下角色关系定义层次 H. 另外,角色关系类"本科生"是例 3.18 中角色关系"运动员"的目标类,所以"本科生"和"运动员"的角色关系定义形成 H_5'. H 中的每一个角色关系定义的逆是 $H_1' \sim H_5'$ 上下文语境信息定义中的上下文声明.

H:大学 [role 学生→{研究生→{硕士生,博士生},本科生}:人]

  私立大学 [role 学生→{研究生→{硕士生,博士生},本科生}:人]

  公立大学 [role 学生→{研究生→{硕士生,博士生},本科生}:人]

H_1':学生 [就读于:大学 [

  @学号:Int,

  选修课程 [@分数:Int]:课程]]

H_2':研究生 [就读于:大学 [

  @学号:Int,

  选修课程 [@分数:Int]:研究生课程,

  导师:教授]]

H_3':硕士生 [就读于:大学 [身份:硕士生 [

  @学号:Int,

  选修课程 [@分数:Int]:研究生课程,

  导师:教授]]]

H_4':博士生 [就读于:大学 [身份:博士生 [

  @学号:Int,

  选修课程 [@分数:Int]:研究生课程,

  导师:教授]]]

H_5':本科生 [就读于:大学 [身份:本科生 [

  @学号:Int,

  选修课程 [@分数:Int]:本科生课程]]]

  运动员 [就读于:大学 [身份:本科生 [

  @学号:Int,

  选修课程 [@分数:Int]:本科生课程,

  角色:校队.运动员]]]

下面讨论普通关系定义的逆. 设 $E = c[R] \in \Pi^*$ 是一个普通关系定义,若 R 有一个逆关系声明 R',则 R' 要么在一个普通关系定义 $E' \in \Pi^*$ 中要么在一个上下文语境信息定义 $E' \in \Psi^*$ 中. 因为继承,E 和 E' 可能分别对应层次 H 和 H'. H 中的每一个普通关系定义中的 R 与 H' 中的每一个定义中的 R' 互逆.

例 3.27 例 3.19 中的一对普通关系定义是互逆的,"大学"有子类"私立大学"和"公立大学","课程"有子类"研究生课程"和"本科生课程",所以 H 中的每一个普通关系定义中的关系声明与 H' 中的每一个普通关系定义中的关系声明是互逆的.

H:大学[**开设课程:课程**]

    私立大学[**开设课程:课程**]

    公立大学[**开设课程:课程**]

H':课程[**开课单位:大学**]

    研究生课程[**开课单位:大学**]

    本科生课程[**开课单位:大学**]

例 3.28 "课程[**选课者[@分数:Int]:学生**]"是一个普通关系定义,在"学生"的上下文语境信息定义中存在逆关系声明"选修课程[@分数:Int]:课程"."课程"有子类"研究生课程"和"本科生课程",而且"学生"形成类层次"学生→{研究生→{硕士生,博士生},本科生→运动员}". 所以,H 中的每一个普通关系定义中的关系声明与 H' 中的上下文语境信息定义中的相应关系声明是互逆的.

H:课程[**选课者[@分数:Int]:学生**]

  研究生课程[**选课者[@分数:Int]:研究生**]

  本科生课程[**选课者[@分数:Int]:本科生**]

H':学生[就读于:大学[

        @学号:String,

        选修课程[@分数:Int]:课程]]

  研究生[就读于:大学[

        @学号:String,

        选修课程[@分数:Int]:研究生课程,

        导师:教授]]

    硕士生[就读于:大学[身份:硕士生[

          @学号:String,

          选修课程[@分数:Int]:研究生课程,

          导师:教授]]]

    博士生[就读于:大学[身份:博士生[

          @学号:String,

          选修课程[@分数:Int]:研究生课程,

          导师:教授]]]

  本科生[就读于:大学[身份:本科生[

        @学号:String,

        选修课程[@分数:Int]:本科生课程]]]

运动员［就读于：大学［身份：本科生［

　　　　@学号：String，

　　选修课程[@分数:Int]:本科生课程，

　　角色：校队.运动员［@开始年份：Int]]]]

　　最后讨论上下文语境信息定义的逆.上下文语境信息定义由上下文声明和嵌套的上下文相关属性和上下文相关关系声明组成.上下文声明和上下文相关关系声明都可能存在逆.设 $E \in \Psi^*$ 是有 n（$n \geqslant 1$）个上下文声明和 m（$m \geqslant 1$）个上下文相关关系声明的形如（3.16）的上下文语境信息定义.

　　首先考虑 E 中上下文声明的逆,对于 E 中形如（3.12）的每一个上下文声明 $\mathbb{C}_i$（$1 \leqslant i \leqslant n$），存在一个唯一的类 c_i 有一个相关的角色关系定义 E_i'，因为对象类的继承，E_i' 可能对应角色关系定义层次 $H_i' \in \Upsilon^*$，E 中 $\mathbb{C}_i$ 的逆是 H_i' 中的角色关系定义.

　　例 3.29　例 3.24 中"运动员"的上下文语境信息定义有两个上下文声明分别是如下 E 所示的"就读于：大学［身份：本科生]"和"角色：校队.运动员".对于第一个上下文声明,存在类"大学"有一个相关的角色关系定义,"大学"有子类"私立大学"和"公立大学",它们对应 H_1 所示的角色关系定义层次.对于第二个上下文声明,存在类"校队"有一个相关的角色关系定义如 H_2 所示.E 中上下文声明的逆是 H_1 和 H_2 中的角色关系定义.

E：运动员［**工作单位：大学［身份：本科生**［

　　　　@学号：String，

　　选修[@分数:Int]:本科生课程，

　　角色：校队.运动员［@开始年份：Int]]]]

H_1：大学［**role 学生→{研究生→{硕士生,博士生},本科生}:人**］

　　私立大学［**role 学生→{研究生→{硕士生,博士生},本科生}:人**］

　　公立大学［**role 学生→{研究生→{硕士生,博士生},本科生}:人**］

H_2：校队［**role 运动员：本科生**］

　　接下来考虑 E 中上下文相关关系声明的逆.对于 E 中的每一个上下文相关关系声明 P（$1 \leqslant i \leqslant m$），若 P_i 有逆上下文相关关系声明 P_i'，则 P_i' 要么在一个普通关系定义 $E_i' \in \Pi^*$ 中要么在一个上下文语境信息定义 $E_i' \in \Psi^*$ 中.因为如 3.3.2 小节所述的 Π^* 和 Ψ^* 的继承，P_i 可能在上下文语境信息定义层次 H_i 中,而 P_i' 可能在普通关系定义层次或上下文语境信息定义层次 H_i' 中.H_i 中的 P_i 和 H_i' 中的 P_i' 互逆.

　　例 3.30　例 3.24 中"教师"的上下文语境信息定义中有上下文相关关系声明"讲授课程：课程",它在"课程"的普通关系定义中有逆关系声明"授课者：教师".因为继承,"讲授课程：课程"在层次 H_1 中,而"授课者：教师"在层次 H_1' 中.H_1 中的"讲授课程：课程"和 H_1' 中的"讲授课程：课程"互逆.

H_1：教师［**工作单位：大学［职业：教师**［

@开始年份:Int,

讲授课程:课程]]]

教授[工作单位:大学[职业:教师[职称:教授[

@开始年份:Int,

讲授课程:课程,

指导研究生:研究生]]]]

讲师[工作单位:大学[职业:教师[职称:讲师[

@开始年份:Int,

讲授课程:课程]]]]

H_1'':课程[**授课者:教师**]

研究生课程[**授课者:教师**]

本科生课程[**授课者:教师**]

例 3.31 例 3.24 中"教授"的上下文语境信息定义中有上下文相关关系声明"指导研究生:研究生",它在"研究生"的上下文语境信息定义中有逆关系声明"导师:教授". 因为继承,"导师:教授"在层次 H_1'' 中. H_1 中的"指导研究生:研究生"和 H_1'' 中的"导师:教授"互逆.

H_1:教授[工作单位:大学[职业:教师[职称:教授[

@开始年份:Int,

讲授课程:课程,

指导研究生:研究生]]]]

H_1'':研究生[就读于:大学[

@学号:String,

选修课程[@分数:Int]:研究生课程,

导师:教授]]

硕士生[就读于:大学[身份:研究生[

@学号:String,

选修课程[@分数:Int]:研究生课程,

导师:教授]]]

博士生[就读于:大学[身份:博士生[

@学号:String,

选修课程[@分数:Int]:研究生课程,

导师:教授]]]

最后考虑上下文语境信息定义 E 的逆. 因为继承,E 可能对应上下文语境信息定义层次 H. H 中的每一个上下文语境信息定义的逆是角色关系定义层次 H_i' $(1 \leqslant i \leqslant n)$ 和普通关系定义或上下文语境信息定义层次 H_i'' $(1 \leqslant i \leqslant m)$,其中 H_i' 和 H_i'' 分别是 H 的上下文声明的逆和上下文相关关系声明的逆.

例 3.32　考虑例 3.24 中"教师"的上下文语境信息定义的逆."教师"有子类"教授"和"讲师",它们的上下文语境信息定义形成层次 H. H 的上下文声明的逆是层次 H_1';H 中存在两个上下文相关关系声明"讲授课程:课程"和"指导研究生:研究生",第一个在普通关系定义层次 H_1'' 中有逆关系声明"授课者:教师";第二个在上下文语境信息定义层次 H_2'' 中有逆关系声明"导师:教授". 所以,H 中每一个上下文语境信息定义的逆是 H_1',H_1'',H_2'' 中的定义.

H:教师[工作单位:大学[职业:教师[
　　　@开始年份:Int,
　　　讲授课程:课程]]]
　　教授[工作单位:大学[职业:教师[职称:教授[
　　　　　@开始年份:Int,
　　　　　讲授课程:课程,
　　　　　指导研究生:研究生]]]]
　讲师[工作单位:大学[职业:教师[职称:讲师[
　　　　@开始年份:Int,
　　　　讲授课程:课程]]]]

H_1':大学[教师→{教授,讲师}:人]
　　私立大学[教师→{教授,讲师}:人]
　　公立大学[教师→{教授,讲师}:人]

H_1'':课程[授课者:教师]
　　研究生课程[授课者:教师]
　　本科生课程[授课者:教师]

H_2'':研究生[就读于:大学[
　　　　@学号:String,
　　　　选修课程[@分数:Int]:研究生课程,
　　　　导师:教授]]
　　硕士生[就读于:大学[身份:硕士生[
　　　　　@学号:String,
　　　　　选修课程[@分数:Int]:研究生课程,
　　　　　导师:教授]]]
　　博士生[就读于:大学[身份:博士生[
　　　　　@学号:String,
　　　　　选修课程[@分数:Int]:研究生课程,
　　　　　导师:教授]]]

对象类和角色关系类的各种关系定义之间的逆程序 3.8 所示. 它们用于3.3.4小节关系表达式的一致性约束.

程序 3.8　各种关系定义之间的逆. doc

大学 [role 校领导➡{校长,副校长}:人]　　　校领导 [工作单位:大学 [职务:校领导]]

　私立大学 [role 校领导➡　　　　　　　　校长 [工作单位:大学 [职务:校长]]

　　　{校长,副校长}:人]　　　　　　　副校长 [工作单位:大学 [职务:副校长]]

　公立大学 [role 校领导➡

　　　{校长,副校长}:人]　　　　←➡

　　

大学 [role 教师➡{教授,讲师}:人]　←➡　教师 [工作单位:大学 [职业:教师]]

　私立大学 [role 教师➡{　　　　　　　教授 [工作单位:大学 [职业:教师 [

　　　教授,讲师}:人]　　　　　　　　　职称:教授]]]

　公立大学 [role 教师➡{　　　　　　　讲师 [工作单位:大学 [职业:教师 [

　　　教授,讲师}:人]　　　　　　　　　职称:讲师]]]

　

校队 [role 副教练:人]　　　　←➡　副教练 [职位:校长.副教练]

　

大学 [role 学生➡{研究生➡{硕士生,　　学生 [就读于:大学]

　　博士生},本科生}:人]　　　　　　研究生 [就读于:大学]

　私立大学 [role 学生➡{　　←➡　硕士生 [就读于:大学 [身份:硕士生]]

　　　研究生➡{硕士生,　　　　博士生 [就读于:大学 [身份:博士生]]

　　　博士生},本科生}:人]　　　本科生 [就读于:大学 [身份:本科生]]

　　公立大学 [role 学生➡{　　➡　　运动员 [就读于:大学 [

　　　研究生➡{硕士生,　　　　　　身份:本科生 [

　　　博士生},本科生}:人]　　　　角色:校队.运动员]]]

　

校队 [role 运动员:本科生]　　➡　运动员 [就读于:大学 [身份:本科生 [

　　　　　　　　　　　　　　　　角色:校队.运动员]]]

　

运动员 [就读于:大学 [身份:本科生 [　　大学 [role 学生➡{研究生➡

　　角色:运动员]]]]　　　　　　　　{硕士生,博士生},本科生}:人]

　　　　　　　　　　　　　　私立大学 [role 学生➡{研究生➡

　　　　　　　　　　　➡　　　　{硕士生,博士生},本科生}:人]

　　　　　　　　　　　　　　公立大学 [role 学生➡{研究生➡

　　　　　　　　　　　　　　　{硕士生,博士生},本科生}:人]

　　　　　　　　　　　　　　校队 [role 运动员:本科生]

　

大学 [开设课程:课程]　　　　←➡课程 [开课单位:大学]

私立大学 [开设课程:课程]　　　　　　　　研究生课程 [开课单位:大学]

公立大学 [开设课程:课程]　　　　　　　　本科生课程 [开课单位:大学]

大学 [包括:校队]　　　　　　　　←→　　校长 [隶属:大学]

　私立大学 [包括:校队]

　公立大学 [包括:校队]

课程 [先行课 [@相关性:String]:课程]　←→　课程 [后续课 [@相关性;String]:课程]

　研究生课程 [先行课 [@相关性;　　　　　　研究生课程 [后续课 [

　　　　　　String]:课程]　　　　　　　　　　　@相关性;String]:课程]

　本科生课程 [先行课 [@相关性;　　　　　　本科生课程 [后续课 [

　　　　　　String]:课程]　　　　　　　　　　　@相关性;String]:课程]

课程 [授课者:教师]　　　　　←→　　教师 [工作单位:大学 [职业:教师 [

　研究生课程 [授课者:教师]　　　　　　　讲授课程:课程]]]

　本科生课程 [授课者:教师]　　　　　　教授 [工作单位:大学 [职业:教师 [

　　　　　　　　　　　　　　　　　　　职称:教授 [讲授课程:课程]]]]

　　　　　　　　　　　　　　　　　讲师 [工作单位:大学 [职业:教师 [

　　　　　　　　　　　　　　　　　　　职称:讲师 [讲授课程:课程]]]]

课程 [选课者 [@分数:Int]:学生]　　　学生 [就读于:大学 [选修课程 [

　研究生课程 [选课者 [　　　　　　　　　@分数:Int]:课程]]

　　　　　　@分数:Int]:研究生]　←→　研究生 [就读于:大学 [

　本科生课程 [选课者 [　　　　　　　　　选修课程 [@分数:Int]:

　　　　　　@分数:Int]:本科生]　　　　研究生课程]]

　　　　　　　　　　　　　　　　　硕士生 [就读于:大学 [

　　　　　　　　　　　　　　　　　　　身份:硕士生 [选修

　　　　　　　　　　　　　　　　　　　课程 [@分数:Int]:

　　　　　　　　　　　　　　　　　　　研究生课程]]]

　　　　　　　　　　　　　　　　　博士生 [就读于:大学 [

　　　　　　　　　　　　　　　　　　　身份:博士生 [选修

　　　　　　　　　　　　　　　　　　　课程 [@分数:Int]:

　　　　　　　　　　　　　　　　　　　研究生课程]]]

　　　　　　　　　　　　　　　　　本科生 [就读于:大学 [

　　　　　　　　　　　　　　　　　　　身份:本科生 [选修课程 [

@分数:Int]:

本科生课程]]]

运动员[就读于:大学[

身份:本科生[**选修**

课程[@分数:Int]:

本科生课程[

角色:校队,运动员]]]

教授[工作单位:大学[职业:教师[

职称:教授[

指导研究生:研究生]]]]   ←→

研究生[就读于:大学[

导师:教授]]

硕士生[就读于:大学[身份:硕士生[

导师:教授]]]

博士生[就读于:大学[身份:博士生[

导师:教授]]]

A←→B A与B互逆   A→B A的逆是B

3.3.4 约束

用 3.1 和 3.2 节所述的语法所定义的数据库可能出现语义问题. 例如,可能会定义有环的类层次. 为了确保数据库语义的正确性,本节主要阐述一系列针对数据库的约束,以下所有约束定义都基于数据库 $DB=(C, \text{isa}^*, \Lambda^*, \Upsilon^*, \Pi^*, \Psi^*, \pi^*, \sigma, \delta^*, \eta, \lambda)$.

定义 3.9 （**良定的子类定义**(well-defined subclass definition)）子类定义集合 S 是良定的(well-defined)当且仅当不存在不同的 c 和 c' 使得 c isa* c' 且 c' isa* c.

非形式化地,子类定义集合良定的条件是继承层次中不存在环. 例如,以下子类定义集合不是良定的:

{教师 isa 人,教授 isa 教师,人 isa 教授}

若继承层次中存在环,3.3.2 小节所定义的有关 $\Lambda^*, \Upsilon^*, \Pi^*, \Psi^*$ 的继承没有意义.

定义 3.10 （**强类型**(well-typedness)）强类型归纳地定义如下:

(1) 属性表达式 $a:\{v_1, \cdots, v_n\}$ 对于属性声明 @$a:t$ 是强类型化的,当且仅当 $v_i \in v(t)$ $(1 \leqslant i \leqslant n)$

(2) 属性赋值 $o[\alpha] \in \sigma$ 对于属性定义 $c[A] \in \Lambda^*$ 是强类型化的当且仅当:
①$co \in \pi$;②属性表达式 α 对于属性声明 A 是强类型化的.

(3) 角色关系赋值 $o[\gamma_r] \in \delta^*$ 对于角色关系定义 $c[\text{role } \mathbb{R}'_p:c'] \in \Upsilon^*$ 是强类型化

的当且仅当：①$co\in\pi$；②对于角色关系表达式 γ_r 中的每一个节点 $r[\alpha_1,\cdots,\alpha_n]:$ $\{o_1,\cdots,o_m\}$ $(n,m\geqslant 0)$，r 出现在 $\mathbb{R}'_p$ 的节点 $r[P_1,\cdots,P_k]$ $(k\geqslant n)$ 中，任意属性表达式 α_i $(1\leqslant i\leqslant n)$ 对于属性声明 P_j $(1\leqslant j\leqslant k)$ 是强类型化的，并且 $ro_i\in\pi^*$ $(1\leqslant j\leqslant m)$.

（4）普通关系或上下文相关关系表达式 $r:\{o_{t_1},\cdots,o_{t_l}\}$ $(l\geqslant 1)$ 对于单向关系声明 $r[A_1,\cdots,A_n]:c'$ $(n\geqslant 0)$ 是强类型化的当且仅当：对于任意对象特征表达式 $o_{t_i}=o_i[\alpha_1,\cdots,\alpha_m]$ $(1\leqslant i\leqslant l$ 且 $m\leqslant n)$，$c'o_i\in\pi^*$，并且任意属性表达式 α_j $(1\leqslant j\leqslant m)$ 对于某个属性声明 A_k $(1\leqslant k\leqslant n)$ 是强类型化的.

（5）普通关系赋值 $o[\gamma_n]\in\eta$ 对于普通关系定义 $c[R]\in\Pi^*$ 是强类型化的，当且仅当：①$co\in\pi$；②普通关系表达式 γ_n 对于单向关系声明 R 是强类型化的.

（6）上下文 $o[i_1:r_1[\cdots[i_n:r_n]\cdots]]$ 或 $o.r[i_1:r_1[\cdots[i_n:r_n]\cdots]]$ 分别对于上下文声明 $r_c:c[i_1:r_1[\cdots[i_n:r_n]\cdots]]$ 或 $i:c.r[i_1:r_1[\cdots[i_n:r_n]\cdots]]$ $(n\geqslant 0)$ 是强类型化的当且仅当 $co\in\pi^*$.

（7）上下文语境信息赋值 $o[r:\{o_{t_1},\cdots,o_{t_m}\}]\in\lambda$ 或 $o[i:\{o_{r_{t_1}},\cdots,o_{r_{t_m}}\}]\in\lambda$ $(m\geqslant 1)$ 对于上下文语境信息定义 $c_r[\mathbb{C}_1[P_{1_1},\cdots,P_{1_{g_1}}],\mathbb{C}_2[P_{2_1},\cdots,P_{2_{g_2}}],\cdots,\mathbb{C}_n[P_{n_1},\cdots,P_{n_{g_n}}]\cdots]]\in\Psi^*$ 是强类型化的当且仅当：①$c_r\,o\in\pi$；②对于任意形如 $\beta_1[\rho_{1_1},\cdots,\rho_{1_{s_1}},\beta_2[\rho_{1_2},\cdots,\rho_{1_{s_2}},\cdots,\beta_l[\rho_{1_l},\cdots\rho_{1_{s_l}}]\cdots]]$ $(1\leqslant l\leqslant n,0\leqslant s_l\leqslant g_n)$ 的 o_{t_j} 或 $o_{r_{t_j}}$ $(1\leqslant j\leqslant m)$，其任意上下文 $\beta_k(1\leqslant k\leqslant l)$ 对于上下文声明 $\mathbb{C}_k$ 是强类型化，且任意 $\rho_{u_v}(1\leqslant u\leqslant l,1\leqslant v\leqslant s_u)$ 对于 P_{u_v} 是强类型化的.

（8）对象赋值 $o[\varepsilon_1,\cdots,\varepsilon_n]$ $(n\geqslant 0)$ 对于类定义集合

$$c_1[P_{1_1},\cdots,P_{1_{s_1}}],\cdots,c_m[P_{m_1},\cdots,P_{m_{s_m}}]\quad(m\geqslant 1,s_j\geqslant 0,1\leqslant j\leqslant m)$$

是强类型化的当且仅当：对于任意赋值 $o[\varepsilon_i]$ $(1\leqslant i\leqslant n)$，存在一个定义 $c_j[P_{j_{s_k}}]$ $(1\leqslant j,k\leqslant m)$ 使得 $o[\varepsilon_i]$ 对于 $c_j[P_{j_{s_k}}]$ 是强类型化的.

（9）数据库 $DB=(K,I)$ 是强类型化的当且仅当：对于任意对象赋值 $e\in I$，存在类定义集合 $E_1\in K,\cdots,E_m\in K$ $(m\geqslant 1)$ 使得 e 对于 $E_1,\cdots,E_m$ 是强类型化的.

例 3.33　以下赋值都是强类型化的：

① 根据定义 3.10(2)，以下属性赋值对于属性定义是强类型化的：

Ann[性别：女]

博士生[@性别：String]

② 根据定义 3.10(3)，以下角色关系赋值对于角色关系定义是强类型化的：

MIT[校领导[任期：3]→{副校长[办公室：L-201]：Ben,

校长[任期：2,办公室：L-202]：Bob}]

私立大学[role 校领导 [@办公室：String,@任期：Int]→{

校长[@办公室：String,@任期：Int],

副校长[@办公室:String,@任期:Int]}:人]

③ 根据定义 3.10(5),以下普通关系赋值对于普通关系定义是强类型化的:

MIT[开设课程:{高级数据库,操作系统}]

私立大学[开设课程:课程]

高级数据库[选课者:Ann[分数:90]]

研究生课程[选课者[@分数:Int]:研究生]

④ 根据定义 3.10(7),以下上下文语境信息赋值对于上下文语境信息定义是强类型化的:

Joy[就读于:MIT[身份:本科生[

　　　学号:0701,

　　　选修课程:操作系统[分数:85],

　　　角色:女子篮球队.运动员[运动员:2008]]]]

运动员[就读于:大学[身份:本科生[

　　　　@学号:String,

　　　　选修课程[@分数:Int]:本科生课程,

　　　　角色:校队.运动员[@运动员:Int]]]]

Bob[工作单位:MIT[职业:教师[职称:教授[

　　　　开始年份:2001,

　　　　讲授课程:高级数据库,

　　　　指导研究生:{Ann,Amy}]]]]

教授[工作单位:大学[职业:教师[职称:教授[

　　　　@开始年份::Int,

　　　　讲授课程:课程,

　　　　指导研究生:研究生]]]]

⑤ 根据定义 3.10(8),以下对象赋值对于类定义是强类型化的:

Ann[

　　性别:女,

　　就读于:{MIT[身份:硕士生[

　　　　　　学号:0301,

　　　　　　选修课程:高级数据库[分数:90],

　　　　　　导师:Bob]],

　　　　UCB[身份:硕士[学号:0401]]},

　　就读于:UCB[身份:博士生[学号:0601,导师:Bev]]]

硕士生[

　　@性别:String,

　　@年龄:Int,

　　就读于:大学[身份:硕士生[

```
    @学号:String,
    选修课程[@分数:Int]:研究生课程,
    导师:教授]]]
博士生[
    @性别:String,
    @年龄:Int,
    就读于:大学[身份:博士生[
        @学号:String,
        选修课程[@分数:Int]:研究生课程,
        导师:教授]]]
```

INM 模型及其建模语言的特色之一就是对参与关系的两个对象之间一致性内置(built-in)语义的支持,即能够自动地维护各种关系及其逆关系的一致性.现有数据模型都无法支持这一特性,因为它们需要人工进行烦琐的操作.对于 INM 中的四种关系:角色关系、普通关系、上下文关系、上下文相关关系,在实例级别,它们分别在角色关系赋值、普通关系赋值和上下文语境信息赋值中.其中,上下文关系和上下文相关关系两者在上下文语境信息赋值中. 3.3.3 小节阐述了模式级别各种关系及其逆,而一致性约束则要求数据库中每个对象的各种关系及其逆(如果逆存在的话)必须同时存在.即以上三种赋值及其对应的逆关系赋值必须保持一致.

定义 3.11 （**一致性约束**(consistency constraint)）一致性约束归纳地定义如下:

(1) 角色关系赋值 $e=o[\gamma_r]\in\delta^*$ 是一致的当且仅当满足如下条件:①e 对于角色关系定义 $E=c[role\ \mathbb{R}'_p:c']\in R^*$ 是强类型化的;②对于角色关系表达式 γ_r 中的任意节点 $r[\alpha_1,\cdots,\alpha_n]:\{o_1,\cdots,o_m\}(n,m\geqslant0)$,如果 E 有一个包含 r 的逆上下文语境信息定义,那么对于任意对象标识 o ($1\leqslant i\leqslant m$),设 $E'=c_i[Q]\in\Psi^*$ 是 E 的包含 r 的逆上下文语境信息定义,并且满足 $c_i o_i\in\pi$ 且 $c_i isa^* r$,则 o_i 有一个上下文语境信息赋值 $e'=o_i[\varphi]\in\lambda$ 且 e' 对于 E' 是强类型化的.

(2) 普通关系赋值 $e=o[r:\{o_{t_1},\cdots,o_{t_l}\}]\in\eta$ ($l\geqslant1$)是一致的当且仅当满足如下条件:①e 对于普通关系定义 $E=c[r[A_1,\cdots,A_n]:c']\in\Pi^*$ ($n\geqslant0$)是强类型化的;②如果 r 在 c' 下有一个逆关系 r'.那么存在两种情况:r' 是一个普通关系或者 r' 是一个上下文相关关系.对于任意的对象特征表达式

$$o_{t_i}=o_i[\alpha_i,\cdots,\alpha_m]\quad(1\leqslant i\leqslant l,m\leqslant n)$$

若 r' 是一个普通关系,则 E 有一个逆普通关系定义

$$E'=c[r'[A_1,\cdots,A_n]:c'']\in\Pi^*$$

并且 o_i 有一个普通关系赋值

$$e = o_i[r' : \{o'_{t_1}, \cdots, o[\alpha_1, \cdots, \alpha_m], \cdots, o'_{t_u}\}] \in \eta \quad (u \geqslant 0)$$

使得 $c_i o_i \in \pi, c_i \, isa^* \, c', c \, isa^* \, c''$ 且 e' 对于 E 是强类型化的. 若 r' 是一个上下文相关关系,则 E 有一个逆上下文语境信息定义 $E' = c[Q] \in \Psi^*$ 并且 o 有一个上下文语境信息赋值 $e' = o[\varphi] \in \lambda$ 使得 $r'[A_1, \cdots, A_n] : c''$ 是 Q 中的一个单向关系声明, $r' : \{o''_{t_1}, \cdots, o[\alpha_1, \cdots, \alpha_m], \cdots, o''_{t_u}\}$ $(u \geqslant 0)$ 是 φ 中的一个上下文相关关系表达式, $c_i o_i \in \pi, c_i \, isa^* \, c', c \, isa^* \, c''$ 且 e' 对于 E' 是强类型化的.

(3) 上下文语境信息赋值 $e = o[r : \{o_{t_1}, \cdots, o_{t_m}\}] \in \lambda$ 或 $e = o[i : \{o_{r_{t_1}}, \cdots, o_{r_{t_m}}\}] \in \lambda(m \geqslant 1)$ 是一致的当且仅当满足如下条件: ①e 对于上下文语境信息定义

$$E = c_r[\mathbb{C}_1[P_{1_1}, \cdots, P_{1_{g_1}}, \mathbb{C}_2[P_{2_1}, \cdots, P_{2_{g_2}}, \cdots, \mathbb{C}_n[P_{n_1}, \cdots, P_{n_{g_n}}] \cdots]]] \in \Psi^*$$

是强类型化的; ②e 中任意形如

$$\beta_1[\rho_{1_1}, \cdots, \rho_{1_{s_1}}, \beta_2[\rho_{2_1}, \cdots \rho_{2_{s_2}}, \cdots, \beta_l[\rho_{l_1}, \cdots, \rho_{l_{s_l}}] \cdots]] \quad (1 \leqslant l \leqslant n, 0 \leqslant s_l \leqslant g_n)$$

的 o_{t_j} 或 $o_{r_{t_j}} (1 \leqslant j \leqslant m)$, 对于其任意上下文

$$\beta_j = o_j[i_1 : r_1[\cdots[i_u : r_u] \cdots]] \quad \text{或} \quad \beta_j = o_j . r[i_1 : r_1[\cdots[i_u : r_u] \cdots]] \quad (1 \leqslant j \leqslant l, u \geqslant 0)$$

及 E 中对应的上下文声明

$$\mathbb{C}_j = r_c : c'_j[i_1 : r_1[\cdots[i_u : r_u] \cdots]] \quad \text{或} \quad \mathbb{C}_j = i : c'_j[i_1 : r_1[\cdots[i_u : r_u] \cdots]] \quad (1 \leqslant j \leqslant n)$$

存在一个角色关系赋值 $e' = o_j[\gamma_r] \in \delta^*$ 使得 $r''[A_1, \cdots, A_l] : \{o_1, \cdots, o, o_p\} (l, p \geqslant 0)$ 是角色关系表达式 γ_r 中的一个节点, $c_r \, isa^* \, r''$, 并且存在一个对应 $\mathbb{C}_j$ 的逆角色关系定义 $E' = c_j[role \, \mathbb{R}'_p : c''] \in R^*$ 使得 $c_j o_j \in \pi, c_j \, isa^* \, c'_j$ 并且 e' 对于 E' 是强类型化的; ③对于 e 中每一个形如 $r : \{o_{t_1}, \cdots, o_{t_z}\} (z > 0)$ 的上下文相关关系表达式 $\rho_{i_j} \mathbb{C}$ $(1 \leqslant i \leqslant l, 1 \leqslant j \leqslant s)$, 设 $P_{i_j} = r[A_1, \cdots, A_w] : c' \mathbb{C} (w \geqslant 0)$ 是 E 中其对应的单向关系声明, 如果 r 在 c' 下有逆关系 r', 那么存在两种情况: r' 是一个普通关系或者 r' 是一个上下文相关关系. 对于每一个对象特征表达式 $o_{t_k} = o_k[\alpha_1, \cdots, \alpha_v] \mathbb{C} (1 \leqslant k \leqslant z, 0 \leqslant v \leqslant w)$, 若 r' 是一个普通关系, E 有一个逆普通关系定义 $E'' = c_k[r'[A_1, \cdots A_w] : c'''] \in \Pi^*$ 并且 o_k 有一个普通关系赋值 $e'' = o_k[r' : \{o'_{t_1}, \cdots, o[\alpha_1, \cdots, \alpha_v], \cdots, o'_{t_q}\}] \in \eta$ 使得 $c_k o_k \in \pi, c_k \, isa^* \, c', c_r \, isa \, c'''$ 并且 e'' 对于 E'' 是强类型化的. 若 r' 是一个上下文相关关系, E 有一个逆上下文语境信息定义 $E'' = c_k[Q] \in \Psi^*$ 并且 o_k 有一个上下文语境信息赋值 $e'' = o_k[\varphi] \in \lambda$ 使得 $r'[A_1, \cdots, A_w] : c''$ 是 Q 中的一个单向关系声明, $r' : \{o'_{t_1}, \cdots o[\alpha_1, \cdots, \alpha_v], \cdots, o'_{t_q}\} (q \geqslant 0)$ 是 φ 中的一个上下文相关关系表达式, $c_k o_k \in \pi$, $c_k \, isa^* \, c', c_r \, isa \, c'''$ 并且 e'' 对于 E'' 是强类型化的.

(4) 对象赋值 $o[\varepsilon_1, \cdots, \varepsilon_n] (n \geqslant 0)$ 是一致的当且仅当任意角色关系赋值,普通关系赋值或上下文相关关系赋值 $o[\varepsilon_i] (1 \leqslant i \leqslant n)$ 是一致的.

(5) 数据库 $DB = (K, I)$ 是一致的当且仅当任意对象赋值 $e \in I$ 是一致的.

非形式化地,角色关系赋值的一致性约束要求角色关系层次中每一个目标对象对应其角色关系的逆上下文语境信息赋值(如果模式中存在的话)也必须存在;

普通关系赋值的一致性约束要求普通关系中每一个目标对象对应的逆关系(该逆关系可能是普通关系也可能是嵌套在上下文语境信息中的上下文相关关系)赋值(如果模式中存在的话)也必须存在;上下文语境信息赋值的一致性约束则根据其构成分为两部分:上下文和上下文相关关系表达式. 对于上下文中的目标对象,其对应的逆角色关系赋值必须存在;对于上下文相关关系表达式中的目标对象,其对应的逆关系(该逆关系可能是普通关系也可能是嵌套在上下文语境信息中的上下文相关关系)赋值(如果模式中存在的话)也必须存在.

例 3.34　考虑以下赋值的一致性:

· 根据定义 3.11(1),以下角色关系赋值 e 是一致的:$e=$ MIT[学生→{研究生→{硕士生:Ann,博士生:Amy},本科生:{Ada,Joy}}]$\in\delta^*$ 对于角色关系定义 $E=$ 私立大学[role 学生→{研究生→{硕士生,博士生},本科生}:人]$\in R^*$ 是强类型化的. 对于节点"硕士生:Ann",E 有一个包含"硕士生"的逆上下文语境信息定义,对于对象标识 Ann,$E'=$ 硕士生[就读于:大学[身份:硕士生[@学号:String,选修课程[@分数:Int]:研究生课程,导师:教授]]]$\in\Psi^*$ 是 E 的逆,并且满足"硕士生 Ann$\in\pi$"且"硕士生 isa* 硕士生",Ann 有一个上下文语境信息赋值 $e'=$ Ann[就读于:MIT[身份:硕士生]]$\in\lambda$,且 e' 对于 E' 是强类型化的. 对于节点"博士生:Amy",E 有一个包含"博士生"的逆上下文语境信息定义,对于对象标识 Amy,E' = 博士生[就读于:大学[身份:博士生[@学号:String,选修课程[@分数:Int]:研究生课程,导师:教授]]]$\in\Psi^*$ 是 E 的逆,并且满足"博士生 Amy$\in\pi$"且"博士生 isa* 博士生",Amy 有一个上下文语境信息赋值 $e'=$ Amy[就读于:MIT[身份:博士生]]$\in\lambda$,且 e' 对于 E' 是强类型化的. 对于节点"本科生:{Ada,Joy}",E 有一个包含"本科生"的逆上下文语境信息定义. 对于对象标识 Ada,$E'=$ 本科生[就读于:大学[身份:本科生[@学号:String,选修课程[@分数:Int]:本科生课程]]]$\in\Psi^*$ 是 E 的逆,并且满足"本科生 Ada$\in\pi$"且"本科生 isa* 本科生",Ada 有一个上下文语境信息赋值 $e'=$ Ada[就读于:MIT[身份:本科生]]$\in\lambda$,且 e' 对于 E' 是强类型化的. 对于对象标识 Joy,$E'=$ 运动员[就读于:大学[身份:本科生[@学号:String,选修课程[@分数:Int]:本科生课程,角色:校队. 运动员[@开始年份:Int]]]]$\in\Psi^*$ 是 E 的逆,并且满足"运动员 Joy$\in\pi$"且"运动员 isa* 本科生",Joy 有一个上下文语境信息赋值 $e'=$ Joy[就读于:MIT[身份:本科生[角色:女子篮球队. 运动员]]]$\in\lambda$,且 e' 对于 E' 是强类型化的.

· 根据定义 3.11(2),以下两个普通关系赋值 e 是一致的:

① $e=$ MIT[开设课程:{高级数据库,操作系统}]$\in\eta$ 对于普通关系定义 $E=$ 私立大学[开设课程:课程]$\in\Pi^*$ 是强类型化的."开设课程"在"课程"下有逆关系"开课单位",它是普通关系. 对于"高级数据库",E 有一个逆普通关系定义 $E'=$ 研

究生课程[开课单位:大学]∈Π^*,并且"高级数据库"有一个普通关系赋值 $e'=$ 高级数据库[开课单位:MIT]∈η 使得"研究生课程 高级数据库∈π","研究生课程 isa* 课程","大学 isa* 大学",并且 e' 对于 E' 是强类型化的. 对于"操作系统",E 有一个逆普通关系定义 $E'=$ 本科生课程[开课单位:大学]∈Π^*,并且"操作系统"有一个普通关系赋值 $e'=$ 操作系统[开课单位:MIT]∈η 使得"本科生课程 操作系统∈π","本科生课程 isa* 课程","大学 isa* 大学",并且 e' 对于 E' 是强类型化的.

② $e=$ 高级数据库[选课者:Ann[分数:90]]∈η 对于普通关系定义 $E=$ 研究生课程[选课者[@分数:Int]:研究生]∈Π^* 是强类型化的. "选课者"在"研究生"下有逆关系"选修课程",它是一个上下文相关关系. 对于"Ann[分数:90]",E 有一个逆上下文相关关系定义 $E'=$ 硕士生[Q]=硕士生[就读于:大学[身份:硕士生[@学号:String,选修课程[@分数:Int]:研究生课程,导师:教授]]∈Ψ^* 并且 Ann 有一个上下文语境信息赋值 $e'=$ Ann[φ]=Ann[就读于:MIT[身份:硕士生[选修课程:高级数据库[分数:90]]]]∈λ 使得"选修课程[@分数:Int]:研究生课程"是 Q 中的一个单向关系声明,"选修课程:高级数据库[分数:90]"是 φ 中的一个上下文相关关系表达式,"硕士生 Ann∈π","硕士生 isa* 研究生","硕士生课程 isa* 研究生课程",并且 e' 对于 E' 是强类型化的.

• 根据定义 3.11(3),以下两个上下文语境信息赋值 e 是一致的:

① $e=$ Joy[就读于:MIT[身份:本科生[学号:0701,选修课程:操作系统[分数:85],角色:女子篮球队.运动员[开始年份:2008]]]]∈λ 对于上下文语境信息定义 $E=$ 运动员[就读于:大学[身份:本科生[@学号:String,选修课程[@分数:Int]:本科生课程,角色:校队.运动员[@开始年份:Int]]]]∈Ψ^* 是强类型化的. e 中有两个上下文,分别是"MIT[身份:本科生]"和"女子篮球队.运动员",E 中对应的上下文声明分别是"就读于:大学[身份:本科生]"和"角色:校队.运动员". 对于"MIT[身份:本科生]",存一个角色关系赋值 $e'=$ MIT[γ_r]=MIT[学生→{研究生→{硕士生:Ann,博士生:Amy},本科生:{Joy,Ada}}]∈δ^* 使得"本科生:{Joy,Ada}"是 γ_r 的一个节点,"本科生 isa* 运动员",并且存在一个对应"就读于:大学[身份:本科生]"的逆角色关系定义 $E'=$ 私立大学[$role$ 学生→{研究生→{硕士生,博士生},本科生}:人]∈R^* 使得"私立大学 MIT∈π","私立大学 isa* 大学",并且 e' 对于 E' 是强类型化的. 对于"女子篮球队.运动员"存一个角色关系赋值 $e'=$ 女子篮球队[γ_r]=女子篮球队[运动员:Joy]∈δ^* 使得"运动员:Joy"是 γ_r 的一个节点,"运动员 isa* 运动员",并且存在一个对应"角色:校队.运动员"的逆角色关系定义 $E'=$ 校队[$role$ 运动员:人]∈R^* 使得"校队 女子篮球队∈π","校队 isa* 校队",并且 e' 对于 E' 是强类型化的. e 中有一个上下文相关关系表达式"选修课程:操作系统[分数:85]","选修课程[@分数:Int]:本科生课程"是 E 中对应的单向关

系声明. 关系"选修课程"在"本科生课程"下有逆关系"选课者"，它是普通关系. 对于"操作系统[分数:85]"，E 有一个逆普通关系定义 $E''=$ 本科生课程[选课者[@分数:Int]:本科生]$\in\Pi^*$，并且"操作系统"有一个普通关系赋值 $e''=$ 操作系统[选课者:{Joy[分数:85]，Ada[分数:80]}]$\in\eta$ 使得"本科生课程 操作系统$\in\pi$"，"本科生课程 isa* 本科生课程"，"本科生 isa* 本科生"，并且 e'' 对于 E'' 是强类型化的.

②$e=$ Bob[工作单位:MIT[职业:教师[职称:教授[开始年份:2001，讲授课程:高级数据库，指导研究生:{Ann，Amy}]]]]$\in\lambda$ 对于上下文语境信息定义 $E=$ 教授[工作单位:大学[职业:教师[职称:教授[@开始年份:Int，讲授课程:课程，指导研究生:研究生]]]$\in\Psi^*$ 是强类型化的. e 的上下文是"MIT[职业:教师[职称:教授]]"，它在 E 中对应的上下文声明是"工作单位:大学[职业:教师[职称:教授]]"并且存一个角色关系赋值 $e'=$ MIT[γ_r]$=$ MIT[教师:Tom→{教授:Bob，讲师:Ben}]$\in\delta^*$ 使得"教授:Bob"是 γ_r 的一个节点，"教授 isa* 教授"，且存在一个对应于上下文声明"工作单位:大学[职业:教师[职称:教授]]"的逆角色关系定义 $E'=$ 私立大学[$role$ 教师→{教授，讲师}:人]$\in R^*$ 使得"私立大学 MIT$\in\pi$"，"私立大学 isa* 大学"，并且 e' 对于 E' 是强类型化的. e 有两个上下文相关关系表达式，它们分别是"讲授课程:高级数据库"和"指导研究生:{Ann，Amy}"，它们对应于 E 中的单向关系声明分别是"讲授课程:课程"和"指导研究生:研究生". 首先考虑第一个表达式"讲授课程:高级数据库"，其中的关系"讲授课程"在"研究生课程"下有逆关系"授课者"，它是一个普通关系. 对于"高级数据库"，E 有一个逆普通关系定义 $E''=$ 研究生课程[授课者:教师]$\in\Pi^*$，并且"高级数据库"有一个普通关系赋值 $e''=$ 高级数据库[授课者:Bob]$\in\eta$ 使得"研究生课程 高级数据库$\in\pi$"，"研究生课程 isa* 研究生课程"，"教授 isa* 教师"，并且 e'' 对于 E'' 是强类型化的. 再考虑第二个表达式"指导研究生:{Ann，Amy}"，其中的关系"指导研究生"在"研究生"下有逆关系"导师"，它是一个上下文相关关系. 对于"Ann"，E 有一个逆上下文语境信息定义 $E''=$ 硕士生[Q]$=$ 硕士生[就读于:大学[身份:硕士生[@学号:String，选修课程[@分数:Int]:研究生课程，导师:教授]]]$\in\Psi^*$，且"Ann"有一个上下文语境信息赋值 $e''=$ Ann[φ]$=$ Ann[就读于:{MIT[身份:硕士生[学号:0301，选修课程:高级数据库[分数:90]，导师:Bob]]，UCB[身份:硕士生[学号:0401]]}]$\in\lambda$ 使得"导师:教授"是 Q 中的一个单向关系声明，"导师:Bob"是 φ 中的一个上下文相关关系表达式，"硕士生 Ann$\in\pi$"，"硕士生 isa* 研究生"，"教授 isa* 教授"，并且 e'' 对于 E'' 是强类型化的. 对于"Amy"，E 有一个逆上下文语境信息定义 $E''=$ 博士生[Q]$=$ 博士生[就读于:大学[身份:博士生[@学号:String，选修课程[@分数:Int]:研究生课程，导师:教授]]]$\in\Psi^*$，且"Amy"有一个上下文语境信息赋值 $e''=$ Amy[φ]$=$ Amy[就读于:MIT[身份:博士生[导师:Bob]]]$\in\lambda$ 使得"导师:教授"

是 Q 中的一个单向关系声明,"导师:Bob"是 φ 中的一个上下文相关关系表达式,"博士生 Amy$\in\pi$","博士生 isa* 研究生","教授 isa* 教授",并且 e'' 对于 E'' 是强类型化的.

程序 3.7 所示的对象说明中,每一个对象说明由属性赋值、角色关系赋值、普通关系赋值和上下文语境信息赋值组成,它们所包含的角色关系赋值和普通关系赋值是一致的,如程序 3.9 所示. 它们所包含的上下文语境信息赋值是一致的,如程序 3.10 所示.

程序 3.9:一致性的角色关系赋值和普通关系赋值

```
MIT[校领导[任期:3]→{副校长[任期:3,办公室:L-201]:Ben,
                    校长[任期:2,办公室:L-202]:Bob}]
Ben[工作单位:MIT[职务:副校长[开始年份:2007]]]
Bob[工作单位:MIT[职务:校长[开始年份:2007]]]

MIT[教师:Tom→{教授:Bob,讲师:Ben}]
Tom[工作单位:MIT[职业:教师]]
Bob[工作单位:MIT[职业:教师[职称:教授[开始年份:2001,讲授课程:高级数据库,指导
     研究生:{Ann,Amy}]]]]
Ben[工作单位:MIT[职业:教师[职称:讲师[开始年份:2004,讲授课程:操作系统]]]]

MIT[学生→{研究生→{硕士生:Ann,博士生:Amy},本科生:{Joy,Ada}}]
Ann[读于:{MIT[身份:硕士生[学号:0301,
                    选修课程:高级数据库[分数:90],
                    导师:Bob]],
          UCB[身份:硕士生[学号:0401]]}]
Amy[就读于:MIT[身份:博士生[导师:Bob]]]
Joy[就读于:MIT[身份:本科生[学号:0701,选修课程:操作系统[分数:85],
                    角色:女子篮球队.运动员[开始年份:2008]]]]
Ada[就读于:MIT[身份:本科生[学号:0702,选修课程:操作系统[分数:80]]]]

UCB[教师→教授:Bev]
Bev[工作单位:UCB[职业:教师[职称:教授[指导研究生:Ann]]]]

UCB[学生→研究生→{硕士生:Ann,博士生:Ann}]
Ann[读于:{MIT[身份:硕士生[学号:0301,
                    选修课程:高级数据库[分数:90],
                    导师:Bob]],
          UCB[身份:硕士生:[学号:0401]]}]
Ann[就读于:UCB[身份:博士生[学号:0601,导师:Bev]]]
```

女子篮球队 [运动员 : Joy] 　　　　　　　　　　　　　　　　　　　　→

Joy [就读于 : MIT [身份 : 本科生 [学号 : 0701, 选修课程 : 操作系统 [分数 : 85],

角色 : 女子篮球队 . 运动员 [开始年份 : 2008]]]]

女子篮球队 [副教练 : {Bob, Tom}] 　　　　　　　　　　　　　　　　←→

Bob [职位 : 女子篮球队 . 副教练 [开始年份 : 2005]]

Tom [职位 : 女子篮球队 . 副教练 [开始年份 : 2005]]

MIT [开设课程 : {高级数据库, 操作系统}] 　　　　　　　　　　　　　←→

高级数据库 [开课单位 : MIT]

操作系统 [开课单位 : MIT]

MIT [包括 : 女子篮球队] 　　　　　　　　　　　　　　　　　　　　←→

女子篮球队 [隶属 : MIT]

高级数据库 [先行课 : 操作系统 [相关性 : 高]] 　　　　　　　　　　　←→

操作系统 [后续课 : 高级数据库 [相关性 : 高]]

高级数据库 [授课者 : Bob] 　　　　　　　　　　　　　　　　　　　→

Bob [工作单位 : MIT [职业 : 教师 [职称 : 教授 [开始年份 : 2001, 讲授课程 : 高级数据库,

指导研究生 : {Ann, Amy}]]]]

高级数据库 [选课者 : Ann [分数 : 90]] 　　　　　　　　　　　　　　→

Ann [读于 : {MIT [身份 : 硕士生 [学号 : 0301,

选修课程 : 高级数据库 [分数 : 90],

导师 : Bob]],

UCB [身份 : 硕士生 [学号 : 0401]]}]

操作系统 [授课者 : Ben] 　　　　　　　　　　　　　　　　　　　　→

Ben [工作单位 : MIT [职业 : 教师 [职称 : 讲师 [开始年份 : 2004, 讲授课程 : 操作系统]]]]

操作系统 [选课者 : {Joy [分数 : 85], Ada [分数 : 80]}] 　　　　　　　→

Joy [就读于 : MIT [身份 : 本科生 [学号 : 0701, 选修课程 : 操作系统 [分数 : 85],

角色 : 女子篮球队 . 运动员 [开始年份 : 2008]]]]

Ada [就读于 : MIT [身份 : 本科生 [学号 : 0702, 选修课程 : 操作系统 [分数 : 80]]]]

程序 3.10　一致性的上下文语境信息赋值

Ben [工作单位 : MIT [职业 : 教师 [职称 : 讲师 [开始年份 : 2004, 讲授课程 : 操作系统]]]] →

　　MIT [教师 : Tom → {教授 : Bob, 讲师 : Ben}]

操作系统 [授课者 : Ben]

　Bob [工作单位 : MIT [职业 : 教师 [职称 : 教授 [开始年份 : 2001,

讲授课程 : 高级数据库,

指导研究生:{Ann,Amy}]]]] →

MIT[教师:Tom→{教授:Bob,讲师:Ben}]

高级数据库[授课者:Bob]

Ann[读于:{MIT[身份:硕士生[学号:0301,选修课程:高级数据库[分数:90],导师:
　　　　Bob]],UCB[身份:硕士生[学号:0401]]}]

Amy[就读于:MIT[身份:博士生[导师:Bob]]]

Bev[工作单位:UCB[职业:教师[职称:教授[指导研究生:Ann]]]] →

UCB[教师→教授:Bev]

Ann[就读于:UCB[身份:博士生[学号:0601,导师:Bev]]]

Ann[就读于:{MIT[身份:硕士生[学号:0301,选修课程:高级数据库[分数:90],导师:
　　　　Bob]],UCB[身份:硕士生[学号:0401]]}] →

MIT[学生→{研究生→{硕士生:Ann,博士生:Amy},本科生:{Joy,Ada}]]

UCB[学生→研究生→{硕士生:Ann,博士生:Ann}]

高级数据库[选课者:Ann[分数:90]]

Bob[工作单位:MIT[职业:教师[职称:教授[开始年份:2001,讲授课程:高级数据库,
　　　　　　　　　　指导研究生:{Ann,Amy}]]]]

Ann[就读于:UCB[身份:博士生[学号:0601,[导师:Bev]]]] →

UCB[学生→{研究生→{硕士生:Ann,博士生:Ann}]

Bev[工作单位:UCB[职业:教师[职称:教授[指导研究生:Ann]]]]

Amy[就读于:MIT[身份:博士生[导师:Bob]]] →

MIT[学生→{研究生→{硕士生:Ann,博士生:Amy}本科生:{Joy,Ada}}]]

Bob[工作单位:MIT[职业:教师[职称:教授[开始年份:2011,
　　　　　　　　讲授课程:高级数据库,
　　　　　　　　指导研究生:{Ann,Amy}]]]]

Ada[就读于:MIT[身份:本科生[学号:0702,选修课程:操作系统[分数:80]]]] →

MIT[学生→{研究生→{硕士生:Ann,博士生:Amy},本科生:{Joy,Ada}}]]

操作系统[选课者:{Joy[分数:85],Ada[分数:80]}]

Joy[就读于:MIT[身份:本科生[学号:0701,选修课程:操作系统[分数:85],
　　　　　　角色:女子篮球队.运动员[开始年份:2008]]]] →

MIT[学生→{研究生→{硕士生:Ann,博士生:Amy},本科生:{Joy,Ada}}]]

女子篮球队[运动员:Joy]

操作系统[选课者:{Joy[分数:85],Ada[分数:80]}]

定义 3.12（良定的数据库(well-defined database))若 $DB=(C, isa^*, \Lambda^*,$ $\Upsilon^*, \Pi^*, \Psi^*, \pi^*, \sigma, \delta^*, \eta, \lambda)$ 是数据库,则 DB 是良定的当且仅当 isa^* 是良定,DB 是强类型化的且一致的.

第 4 章

INM查询语言

本章首先对相关查询语言的特点进行了概括,分析了它们存在的问题及设计新的查询语言的必要性. 然后介绍了专门针对 INM 所设计的查询语言(Information Networking Model Query Language,简称 IQL),详尽阐述了 IQL 的语法和形式化语义. 最后,对 IQL 的次要特性进行了说明并总结了 IQL 的特色.

4.1 研究现状与问题分析

为了验证设计专门针对 INM 的查询语言的必要性,我们深入系统地研究了现有基于不同模型和针对不同逻辑结构数据的查询语言,如 OQL,XPath,XQuery,GOQL,GraphQL 等,发现它们虽然各有优势,却有各自不同的适用模型和条件. 如果用它们直接作为 INM 的查询语言,都不足以简洁、自然地体现 INM 的特色. 下面将概括这些语言与 IQL 相关的特性.

OQL[94,95]是专门为 ODMG 对象模型定制的查询语言,它有以下几个特点:

(1) 从功能的全面性角度看,OQL 是 SQL 在面向对象模型基础上的扩展,它涵盖 SQL 的所有功能. 同时,增加了与 ODMG 对象模型有关的特征,如复杂对象(complex objects)、对象标识(object identity)、路径表达式(path expressions)、多态(polymorphism)、操作调用(operation invocation)和迟绑定(late binding).

(2) OQL 的语法基本上采用 SQL 的风格,但是不必一定要遵循"select...from...where"结构. 在最简单的情况下,任何对象名,以对象名开始的路径表达式也是一个查询,其结果是对象、对象的属性、关系或方法.

(3) OQL 中路径表达式(path expression)以一个对象名或者遍及聚集(collections)中每一个元素(其值是对象)的迭代变量(iterator variable)开始,后面跟零个或多个属性,关系或方法名,用圆点(.)连接起来. 这样,以一个对象为入口可以"导航式"地访问其他对象.

(4) OQL 既是一种功能性语言(functional language),又是一种类型语言(typed language),而且它具有正交性(orthogonality)的特点. 具体而言,一个OQL 查询的结果可以是 ODMG 对象模型中支持的任意类型,而且它可以被再次查询. 因此,只要操作数(查询结果可以视为操作数)是 ODMG 对象模型中的相容类型,OQL 的操作符(Operators)就可以对其进行任意组合来构造查询结果. OQL 查询结果的类型主要包括:结构体(structures)、集合(sets)、列表(lists)、包(bags) 和数组(arrays). 操作符主要包括集合操作符(union,intersect,except)、全称量词 (for all)和存在量词(exists)、排序(sort)和分组(group by)操作符、聚集操作符 (count,sum,min,max,avg).

XQuery[96-103] 是建立在 XPath[104-109] 的基础之上用于查询 XML 的语言. 它和 XPath2.0 有共同的数据模型——XQuery/XPath Data Model(XDM). XDM 由节 点(Node)、原子值(Atomic Value)、项(Item)、序列(Sequence)四者组成. 其中节 点有七种类型:文档节点(document node)、元素节点(element node)、属性节点 (attribute node)、文本节点(text node)、命名空间节点(namespace node)、处理指 令节点(processing instruction node)、注释节点(comment node),它们之间的关系 如图 4.1 所示. XML 文档是由这些节点组成的树状结构.

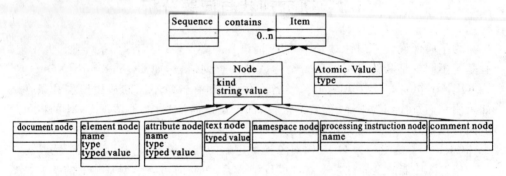

图 4.1　XMD 的基本组成

XPath 2.0 是一种表达式语言,它使用紧凑的、非 XML 的语法,在 XML 的抽 象、逻辑结构上进行操作,而不是在它的表面语法上. 其最主要的目的是使用路径 表达式来选取 XML 文档中的节点或节点集,即对 XML 文档进行寻址. XPath 的 路径表达式(path expression)由一个或多个步(step)通过路径连接符单斜杠(/)或 双斜杠(//)连接起来. 节点通过沿着路径表达式中的步来选取. 路径表达式中最 常用的符号见表 4.1.

表 4.1

符号	含义
/	子节点(child)
//	子孙节点,包括自己(descendant-or-self)
.	当前节点

续表

符号	含义
..	当前节点的父节点
@	属性
*	所有元素节点
*@	所有属性节点

此外,在路径表达式中还可以用谓词(predicate)来表示特定的节点或者包含指定值的节点,即对选定的节点进行过滤. 语法上谓词表示在方括号([])中.

XQuery 起源于 Quilt[110],并将 XPath2.0 作为其子集. 它有以下几个特点:

(1) XQuery 是一种描述性语言(Declarative Language),设计者既参考了 XML 早期的其他查询语言,如 XML-QL[111-113],XQL[114-116],YATL[117],也借鉴了 SQL 和 OQL.

(2) XQuery 用 FLWOR 表达式来表示查询,FLWOR 是 FOR,LET, WHERE,ORDER,RETURN 的简写. 一个 FLWOR 表达式的最基本的功能是把变量绑定到 FOR 或 LET 子句的节点序列,然后用这些变量构造查询的输出结果. 由于绑定是 FLWOR 表达式最基本的内容,因此每个 FLWOR 表达式至少有一个 FOR 或 LET 子句. 此外,XPath 的表达式只能出现在这两个子句中. 具体而言, FOR 子句用于将一个或多个迭代变量绑定到"in 表达式"的返回节点序列;LET 子句用于将变量与一个完整的表达式绑定,目的是为了避免多次重复执行相同的表达式;WHERE 子句根据条件,对绑定的变量进行过滤;ORDER 子句用于指定结果的顺序;RETURN 子句用于构建结果,并且对 WHERE 子句中符合条件的每一个绑定变量进行一次操作.

(3) XQuery 的构造器(constructor)可以与 FLWOR 表达式灵活地进行组合嵌套,重新构造查询结果. 因此,在一个最基本的 XQuery 中,FLWOR 表达式是查询的框架;XPath 用于在文档中定位;构造器负责把查询结果重构为用户所需的 XML 文档结构.

(4) XQuery 功能上除了支持上述路径定位、选择、过滤、分组、排序、结果重构外,它同样也支持分组、聚集计算、全称和存在量词、内置(built-in)和用户自定义函数(user-defined functions)等.

因为 INM 的逻辑结构是图,所以从模型的逻辑结构角度考虑,研究了典型的图结构数据模型的查询语言.

文献[118]所提出的基于 GraphDB 的查询语言借鉴了 SQL,其基本框架 "ON...WHERE...DERIVE"与"FROM...WHERE...SELECT"对应. 它除了

涵盖 SQL 的所有功能,主要在以下几个方面进行了扩展:

(1) 在 on 子句中,可以通过指定简单对象(simple objects)、链接对象(link objects)或路径对象(path objects)之间的关系来确定在有关联的子图中查找.

(2) 针对图结构数据,扩展了一系列操作符,如 rewrite 用来操纵对象的异质序列,union 用来将对象的异质序列聚集转化成同质的,shortest path 用来找图中的最短路等.

GOQL[119,120]是针对扩展的对象模型的查询语言. 它在 OQL 的基础上,在以下几方面进行了扩展:

(1) 能够表达节点、边、路径和图对象之间的关系,并对它们进行操纵,查询和构造.

(2) 支持对序列(sequences)和路径(paths)的查询. 具体而言,增加了 next,until,connected 等操作符来表示序列或路径中元素之间的相对关系,并将它们用于路径公式(path formulas)中来表示路径或序列的谓词(predicate).

GraphQL[121]是基于 GraphDB 的查询语言. 在 GraphQL 中,最基本的操作单位是图模式(graph pattern),图模式由点和边连接的图结构及对图中的属性进行过滤的谓词(predicate)两部分组成. 每一个查询操纵一个或多个图聚集(graph collections). GraphQL 的语法基本采用 XQuery 的风格,保留了 FLWR 表达式. 不同的是,在这些表达式中主要包含的是针对图的操作符.

综上所述,可以看出无论是经典流行的查询语言还是基于图结构数据模型的查询语言,它们基本上都采用 SQL 或 XQuery 的思路,不同的是根据各自模型的特点,改进或扩展了对应的操作符使之能够适应各自模型的特色. 在设计 IQL 时,既借鉴了上述查询语言的设计思想,又充分考虑 INM 自身的特点,主要从以下几个方面考虑:

(1) 从查询的框架角度考虑,上述查询语言都分为查询部分和结果构造部分,而且这两个部分用不同的子句来表示,只是子句的表现形式存在差别. 同时,这些查询语言的查询部分和结果构造部分是混合在一起的,例如,在 SQL3 和 OQL 中,SELECT 子句可以包含子查询用于构造复杂的结果,WHERE 子句也可以包含子查询用于表示复杂的条件. 在 XQuery 中,RETURN 子句与 SQL3 和 OQL 中的 SELECT 子句具有相同的功能,也可以嵌套 FLWOR 表达式来表示复杂的查询. 查询部分和结果构造部分的混合导致查询的结构松散不清晰,表示笨拙,难以理解. IQL 的基本框架也由这两部分组成,不同之处在于,IQL 的查询部分和结果构造部分是完全分离的,不使用固定的子句分散地表示查询,而是用一个或多个查询表达式来表示查询部分得到想要查找的值,用一个构造项来表示结果构造部分根据查询部分得到的值对结果的格式进行定义. 这种框架结构更清晰紧凑,表示更简单、容易理解.

（2）大多数查询语言与其模型有不同的风格，例如，SQL 不使用元组（tuple）表示查询；OQL 不使用 ODMG 对象结构表示查询，XQuery 也不使用 XML 元素结构表示查询. 在 IQL 中，查询表达式直接使用类或对象结构来表示查询，并且允许变量出现在表达式的任意位置以匹配类或对象的任意部分. 这样既保持了 INM 及其建模语言直接、自然、简洁、紧凑的优点，又能在表示和语义上最大限度的与建模语言相容.

（3）INM 的逻辑结构是有向图，如果 IQL 定位在纯粹的图搜索上，一方面存在"环"的问题；另一方面无法利用 INM 中每一个独立的元数据对象的语义特征.

（4）XPath 的路径表达式用"/"和"//"分别表示节点的父子和祖孙关系，条件放在"[]"中用于节点的过滤，路径表达式只能表示线性结构. 在语法表示上，IQL 也使用了这三个符号，但是根据 INM 的特点它们有完全不同的语义. IQL 能以更通用更自然的方式，直接用与 INM 对象结构对应的表达式来表示图状结构.

4.2　IQL 的语法

INM 可以自然地表示元数据对象之间的各种复杂关系和上下文语境信息，基于这种自然的表示可以用 IQL 更直接、自然地构建语义查询. INM 的元数据对象之间通过各种关系互连，逻辑上是图状结构，IQL 可以自然地表示对象之间这种图状结构并提取有意义的结果. IQL 中的查询分为两种：

（1）**模式查询**. 模式查询用于检索模式中类及其子类、父类、属性、关系及子关系或父关系信息.

（2）**实例查询**. 实例查询用于检索实例中对象及其属性、关系、上下文语境信息.

IQL 的基本设计思路是将一个查询分为查询部分和结果构造部分，这两部分完全分离，无需组合嵌套. 查询部分由一个或多个查询表达式组成，一个查询表达式由查询项及其组合形式构成，其中包括否定和全称量词. 查询表达式的任意位置都可以出现变量并根据变量所在的位置将其绑定到类、对象及其他们的任意部分来得到想要的信息. 结果构造部分则根据查询部分的变量绑定对结果的格式进行定义.

本节介绍 IQL 查询语句的语法，分为查询部分和结果构造部分. IQL 的特色之一是在查询部分根据变量所在的位置将其绑定到类、对象或者它们的任意部分得想要的信息. 从灵活方便的角度考虑，IQL 中的变量是逻辑变量而非类型变量. 一个变量可以出现在查询语句的任何位置，但是同一个查询语句中出现在不同位置的相同变量,它们有相同的值.

变量以"$"开始后面跟一个字母字符串.对于模式查询而言,变量可以绑定到类、类的属性定义、各种关系定义、上下文语境信息定义及其定义的任意部分;对于实例查询而言,变量可以绑定到对象、对象的各种表达式及其表达式的任意部分,而且变量一次匹配一个值.

对于模式查询而言,查询的内容是程序 4.1 所示的子类定义,程序 3.5 和程序 3.6 所示的类定义及类定义中属性、各种关系、上下文语境信息定义及其他们的任意部分.

程序 4.1　子类定义集合

私立大学 isa 大学	校领导 isa 人	教师 isa 人	学生 isa 人
公立大学 isa 大学	校长 isa 校领导	教授 isa 教师	研究生 isa 学生
研究生课程 isa 课程	副校长 isa 校领导	讲师 isa 教师	硕士生 isa 研究生
本科生课程 isa 课程			博士生 isa 研究生
			本科生 isa 学生
			运动员 isa 本科生
			副教练 isa 人

对于实例查询,首先要考虑对象说明中的上下文语境信息表达式的合并,规则如下:

设 $e=r:\{o_{t_1},\cdots,o_{t_n}\}$ 是对象说明 O_T 中的任意上下文语境信息表达式,若 O_T 中存在 v($v\geqslant1$)个上下文语境信息表达式 $e=r':\{o'_{t_1},\cdots,o'_{t_m}\}$($1\leqslant i\leqslant v$)使得 $r=r'_i$,则 e 和 e_i 合并为 $e'=r:\{o_{t_1},\cdots,o_{t_n},\cdots,o'_{t_1},\cdots,o'_{t_m}\}$.对于 e' 中任意的对象特征表达式 $o_{t_i}=o[T_1,\cdots,T_u]$($1\leqslant i\leqslant n$),若存在 $o'_{t_j}=o'_j[T'_1,\cdots,T'_m]$($1\leqslant j\leqslant m$)使得 $o_i=o'_j$,则 o_{t_i} 和 o'_{t_j} 合并为 $o''=o_i[T_1,\cdots,T_u,T'_1,\cdots,T'_w]$.对于 o'' 中的任意角色表达式 $T_i=l:\{r_{t_1},\cdots,r_{t_n}\}$($1\leqslant i\leqslant u$),若存在 $T_j=l':\{r'_{t_1},\cdots,r'_{t_m}\}$($1\leqslant j\leqslant m$)使得 $l=l'$,则 T_i 和 T_j 合并为 $T''=l:\{r_{t_1},\cdots r_{t_n},r'_{t_1},\cdots,r'_{t_m}\}$.例如,程序 3.7 中对象"Bob"的两个上下文语境信息说明:

工作单位:MIT[职务:校长[开始年份:2007]]

工作单位:MIT[职业:教师[职称:教授[

　　　开始年份:2001,

　　　讲授课程:高级数据库,

　　　指导研究生:{Ann,Amy}]]]

合并为

工作单位:MIT[职务:校长[开始年份:2007],

　　　　职业:教师[职称:教授[

　　　　　开始年份:2001,

讲授课程:高级数据库,

指导研究生:{Ann,Amy}]]]

对象"Ann"的两个上下文语境信息说明:

就读于:{MIT[身份:硕士生[学号:0301,

选修课程:高级数据库[分数:90],

导师:Bob]],

UCB[身份:硕士生[学号:0401]]}

就读于:UCB[身份:博士生[学号:0601,导师:Ben]]

合并为

就读于:{MIT[身份:硕士生[学号:0301,

选修课程:高级数据库[分数:90],

导师:Bob]],

UCB[身份:{硕士生[学号:0401,

博士生[学号:0601,导师:Ben]}]]

对于实例查询而言,查询的内容是程序 3.7 所示的对象说明经过上下文语境信息表达式合并以后所得到的程序 4.2 所示的对象说明.

程序 4.2 对 象 说 明

私立大学 MIT[

排名:3,

开设课程:P{高级数据库,操作系统,算法设计},

包括:女子篮球队,

校领导[任期:3]→{

副校长[任期:3,办公室:L-201],Ben,

校长[任期:2,办公室:L-202]:Bob},

教师:Tom→{教授:Bob,讲师:Ben},

学生→{研究生→{硕士生:Ann,博士生:Amy},本科生:{Joy,Ada}]

公立大学 UCB[

教师→教授:Bev],

学生→研究生→{硕士生:Ann,博士生:Ann}]

研究生课程 高级数据库[

研究生课程 算法设计[

开课单位:MIT,

授课者:Bob,

选课者:Ann[分数:88]]

本科生课程 操作系统[

学分:2,

后续课:高级数据库[相关性:高],

开课单位:MIT,

授课者:Ben,

选课者:{Joy[分数:85],Ada[分数:80]}]

学分:3,

先行课:操作系统[相关性:高],

开课单位:MIT,

授课者:Bob,

选课者:{Ann[分数:90],Amy[分数:95]}]

校队 女子篮球队[

隶属:MIT,

运动员:Joy,

副教练:{Bob,Tom}]

{副校长,讲师} Ben[

工作单位:MIT[职务:副校长[开始年份:2007],

职业:教师[职称:讲师[开始年份:2004,讲授课程:操作系统]]]]

{校长,教授,副教练} Bob[

年龄:45

工作单位:MIT[职务:校长[开始年份:2007],

职业:教师[职称:教授[

开始年份:2001,

讲授课程:{高级数据库,算法设计},

指导研究生:{Ann,Amy}]]]],

职位:女子篮球队,副教练[开始年份:2005]]

教授 Bev[

年龄:45,

工作单位:UCB[职业:教师[职称:教授[指导研究生:Ann]]]]

{教师,副教练} Tom[

年龄:41,

工作单位:MIT[职业:教师],

职位:女子篮球队.副教练[开始年份:2005]]

{硕士生,博士生} Ann[

性别:女,

就读于:{MIT[身份:硕士生[学号:0301,

选修课程:{高级数据库[分数:90],算法设计[分数:88]},

导师:Bob]],

UCB[身份:{硕士生[学号:0401,

博士生[学号:0601,导师:Bev]}]}]

博士生 Amy[

　　就读于:MIT[身份:博士生[学号:0501,选修课程:高级数据库[分数:95],导师:Bob]]]

本科生 Ada[

　　就读于:MIT[身份:本科生[学号:0702,选修课程:操作系统[分数:80]]]]

运动员 Joy[

　　就读于:MIT[身份:本科生[学号:0701,选修课程:操作系统[分数:85],

　　　　　　　角色:女子篮球队.运动员[开始年份:2008]]]]

　　IQL 中一个查询的查询部分和结果构造部分,有两种项(term):**查询项**(query term)和**构造项**(construction term).查询项用于匹配类、对象及其任意组成部分,并且根据它们进行变量的绑定,从而得到想要查找的信息;构造项用于构造查询的结果.下面将讨论它们的语法.

　　定义 4.1　(**查询项**(query term))查询项归纳地定义如下:

　　(1)变量可以是除了子孙项和对象分类项以外的任意项,取决于它所在的位置(上下文).

　　(2)若 R 是一个变量或角色关系名,T 是一个可选的元组项,则 RT 是**角色关系特征项**(role relationship property term).

　　(3)若 O 是一个变量,类名或对象标识,R_T 是一个角色关系特征项.则 $O.R_T$ 是**对象角色项**(object role term).

　　(4)若 O 是一个变量、类名或对象标识,T 是一个可选的元组项,则 OT 是**对象特征项**(object property term).

　　(5)若 N 是一个变量、属性名、角色标识或除了角色关系以为的任意关系名,$V_1,\cdots V_m$ $(m\geqslant 0)$ 是变量、数据类型、值、角色关系特征项、对象角色项或对象特征项,则 $N:\{V_1,\cdots,V_m\}$ 是**元素项**(element term).

　　(6)若 R_T 是一个角色关系特征项,$O_{T_1},\cdots,O_{T_m}$ $(m\geqslant 0)$ 是对象特征项,则 $R_T:\{O_{T_1},\cdots,O_{T_m}\}$ 和 $R_T:*\{O_{T_1},\cdots,O_{T_m}\}$ 是单节点**角色关系项**(role relationship term).当 $m=0$ 时,用 R_T 表示.若 R_P 是一个单节点角色关系项,$R_{P_1},\cdots,R_{P_n}$ $(n\geqslant 1)$ 是角色关系项,则 $R_P\rightarrow\{R_{P_1},\cdots,R_{P_n}\}$ 和 $R_P\rightarrow *\{R_{P_1},\cdots,R_{P_n}\}$ 是层次**角色关系项**(role relationship term).

　　(7)若 P 是一个元素项或角色关系项,则 $//P$ 是**子孙项**(descendant term).

　　(8)若 $P_1,\cdots,P_m(m\geqslant 0)$ 是子孙项,元素项或角色关系项并且当 $n>1$ 时它们都不是变量,则 $[P_1,\cdots,P_m]$ 是**元组项**(tuple term).当 $m=1$ 且 P_1 不是子孙项时,它也可以简化地表示为 $/P_1$;当 $m=1$ 且 P_1 是子孙项时,它也可以简化地表示为 P_1.

　　(9)若 $C_1,\cdots,C_n(n\geqslant 1)$ 是变量或类名,O 是变量或对象标识,则 $\{C_1,\cdots,C_n\}O$ 是**对象分类项**(object classification term).

(10) 若 C 是一个变量或类名,$C_1,\cdots,C_n(n \geqslant 1)$ 是变量或类名,则 C isa $\{C_1,\cdots,C_n\}$ 是 **isa 项**(isa term).

对于以上所有项中的集合 $\{T_1,\cdots,T_n\}$,若 $n>1$,$T_1,\cdots,T_n$ 都不能是变量;否则,当 T_1 是变量时,用 T_1 表示;当 T_1 不是变量时,用 T_1 或 $\{T_1\}$ 表示.

没有变量的项称为**基项**(ground term).

在 INM 中,一个对象的所有信息包括其各种复杂的关系和上下文语境信息主要用两种层次结构来表示:**组合层次**(composition hierarchy)和**角色关系层次**(role relationship hierarchy).组合层次由嵌套的元组(nested tuple)构成.在 IQL 中,用"/"和"//"来表示在层次结构中跳层."/"出现在元组项中,它是元组项的一种特殊形式,它表示在组合层次中跳一层."//"出现在子孙项中,它表示在组合层次或角色关系层次中跳一层或多层.换句话说,对于模式查询中的一个类或实例查询中的一个对象而言,以类名或对象标识为入口,"/"进入元组内的第一层,而"//"进入元组内组合层次或角色关系层次的第任意层;然后继续用"/"或"//"在元组内的组合层次中跳一层或多层或者跳出该类或对象进入另外一个类或对象的元组.这样,虽然 INM 的逻辑结构是图,但是在一个查询中,每一段"/"或"//"都不能从一个类或对象直接跳向另外一个类或对象也不能直接跳向它自己,而需要经过一层或多层关系才能跳出该类或对象.即 IQL 的语义限制了在图结构中跳层不会出现死循环,形式化语义见定义 4.7.

例 4.1 根据程序 3.5 和 3.6 所示的类定义,程序 4.1 所示的子类定义,程序 4.2 所示对象说明,考虑如下查询项:

(1) 角色关系特征项:

校领导/任期:$x

教授[开始年份:$y,讲授课程:高级数据库,指导研究生:Ann]

(2) 对象角色项:

女子篮球队.副教练/开始年份:2005

$v.副教练/开始年份:2005

(3) 对象特征项:

$x[//职称:教授[开始年份:$y,讲授课程:高级数据库,指导研究生:Ann],

职位:$z/开始年份:2005]

MIT/校领导:* $x[//讲授课程:高级数据库,//指导研究生:$y[//学号:$w,//导师:$u]]

MIT[教师:Tom[职位:$v.副教练/开始年份:2005,

工作单位:$x/学生:* $y//身份:$z[//选修课程:$w/分数:$t,//学号:$u]],

//教授:$f]

$w/授课者:$f

MIT//$x:$y

（4）元素项：

性别:女

性别:$x

$x:女

$x:$y

职称:教授[开始年份:$y,讲授课程:高级数据库,指导研究生:Ann]

职位:$v.副教练/开始年份:2005

选课者:{Ann/分数:90,Amy/分数:95}

选课者:$x

选课者:{Ann[性别:女,∥学号:0301,∥导师:$x],Amy}

工作单位:$x/学生:* $y∥身份:$z[∥选修课程:$w/分数:$t,∥学号:$u]

指导研究生:$y[∥学号:$w,∥导师:$u]

（5）角色关系项：

校领导/任期:$x:* $y

校领导:* {Ben[∥职称:教授,∥讲授课程:操作系统],Bob}

校长/$x:* $y

校长[$x]:$y

校领导/任期:3→$x[办公室:$y,$z:3]

学生→研究生→硕士生:Ann

学生→* 硕士生:$y

校领导/任期:3→{副校长/办公室:L-201:Ben,

校长[任期:2,办公室:L-202]:Bob}

（6）子孙项：

∥职称:教授[开始年份:$y,讲授课程:高级数据库,指导研究生:Ann]

∥指导研究生:$y[∥学号:$w,∥导师:$u]

（7）元组项：

[开始年份:$x,讲授课程:高级数据库,指导研究生:Ann]

[∥讲授课程:高级数据库,∥指导研究生:$y[∥学号:$w,∥导师:$u]]

（8）对象分类项：

$y Bob

校领导 Bob

{校领导,副教练} Bob

研究生课程$x

$y $x

校领导$x

{校领导,副教练} $x

（9）isa 项：

$x isa $y

$x isa 教师

$x isa {教师,人}

教授 isa $y

教授 isa 人

教授 isa {教师,人}

需要注意的是，对于形如 $e=R/x:\{O_{T_1},\cdots,O_{T_m}\}$ 的单节点角色关系项，其中 x 是变量，e 可能是 $e'=R[x:\{O_{T_1},\cdots,O_{T_m}\}]$ 或 $e''=R[x]:\{O_{T_1},\cdots,O_{T_m}\}$ 的简化形式，所以 e 存在歧义。规定 e 是 e' 的简化形式，即 e'' 不能被简化。

例如，对于表 4.2 中的四个例子，第一列是完整形式一的简化形式，换句话说完整形式二不可以被简化。

表 4.2 有歧义的角色关系项示例

简化形式	完整形式一	完整形式二
校长/$x:$y	校长[$x:$y]	校长[$x]:$y
校长/$x:Bob	校长[$x:Bob]	校长[$x]:Bob
校长/$x:$y/$z	校长[$x:$y/$z]	校长[$x]:$y/$z
$r/$x:$y/$z	$r[$x:$y/$z]	$r[$x]:$y/$z

定义 4.2 （全集（Universe））设 $D=(C,\mathrm{isa},\Lambda,\gamma,\Pi,\Psi,\pi,\sigma,\delta,\eta,\lambda)$，其中 C，Λ,γ,Π,Ψ 可以合并为类定义 Φ，而 $\sigma,\delta,\eta,\lambda$ 可以合并为对象赋值 Ω，即 $D=(\mathrm{isa},\Phi,\pi,\Omega)$ 是一个数据库，全集 U 包含类名、属性名、各种关系名、角色标识、值、对象标识，形式（3.17）所示的类定义及其属性、普通关系、角色关系、上下文语境信息定义 $P_1,\cdots,P_m$，定义 3.3 所示的对象赋值，定义 3.2 所示的各种表达式及其任意部分的集合。

定义 4.3（查询表达式（query expression））查询表达式基于查询项归纳地定义如下：

（1）对象分类项，对象特征项，isa 项是**肯定查询表达式**（positive query expression）。

（2）若 $\{C_1,\cdots,C_n\}O$ 是一个对象分类项，OT 是一个对象特征项，则 $\{C_1,\cdots,C_n\}OT$ 是**肯定查询表达式**（positive query expression）。

（3）若 E 是一个肯定查询表达式，则 not E 是**否定查询表达式**（negative query expression）。

（4）若 $x_1,\cdots,x_m$（$m\geqslant1$）是各不相同的变量，$E_1,\cdots,E_n$（$n\geqslant1$）是肯定查询表

达式,E 是查询表达式,则(foreach $x_1,\cdots,x_m$ in $E_1,\cdots,E_n$)(E)是**全称量词查询表达式**(universally quantified query expression),其中 $x_1,\cdots,x_m$ 是**量词化变量**(quantified variables),$E_1,\cdots,E_n,E$ 中除了 $x_1,\cdots,x_m$ 以外的变量是**非量词化变量**(non-quantified variables).

(5) 若 $x,y \in U$(其中 U 是全集)或 x,y 是变量,则 $x=y,x>y,x<y,x \geqslant y$,$x \leqslant y,x \neq y$ 是**比较查询表达式**(comparison query expression).

(6) **查询表达式**是肯定、否定、全称量词或比较查询表达式.

没有变量的查询表达式称为**基本查询表达式**(ground query expression).

值得注意的是,从语言的简洁性和实用性角度出发,IQL 中不显示地表示存在量词,但是从语义上讲,它是某些查询的一种默认形式,将在定义 4.8 中形式化地讨论该问题.

例 4.2　考虑以下查询表达式:

(1){校领导,副教练} x 　　　　　　　　　　　　　　　根据定义 4.3(1)

(2)x[//职称:教授[开始年份:y,讲授课程:高级数据库,指导研究生:Ann],职位:z/开始年份:2005] 　　　　　　　　　　　　根据定义 4.3(1)

(3){校领导,副教练} x[//职称:教授[开始年份:y,讲授课程:高级数据库,指导研究生:Ann],职位:z/开始年份:2005] 　　　根据定义 4.3(2)

(4)not 研究生课程 x 　　　　　　　　　　　　　　　根据定义 4.3(3)

(5)(foreach y in x//指导研究生:y) ((foreach z in x//讲授课程:z) (y//选修课程:z))

(foreach y,z in x[//指导研究生:y,//讲授课程:z])

(y//选修课程:z) 　　　　　　　　　　　　　　根据定义 4.3(4)

(6)$x>$ 2006 　　　　　　　　　　　　　　　　　　根据定义 4.3(5)

INM 对象的结构丰富,用查询项及其组合形式来表示并且将变量绑定到想要查找的信息上. 查询结果部分也可以构造复杂的结构. 下面引入构造项根据变量的绑定对结果的格式进行定义.

定义 4.4　(**构造项**(construction term))构造项归纳地定义如下:

(1) 若 T 是一个常量或变量,则 T 是**值项**(value term).

(2) 若 T 是一个常量或变量,T' 是一个值项或上下文项. 则 $T:T'$ 是**特征项**(property term).

(3) 若 $T_1,\cdots,T_n(n \geqslant 0)$ 是特征项或上下文项,则 $[T_1,\cdots,T_n]$ 是**元组项**(tuple term).

(4) 若 $c_1,\cdots,c_m(m \geqslant 0)$ 是类名,T 是一个变量,T' 是一个元组项并且当 $m>0$ 时 $T'=[T_1,\cdots,T_n]$ 中的 $n=0$,则 $(c_1,\cdots,c_m)$ T T' 是**上下文项**(context term). 在 T' 中,当 $n=1$ 时,也可以简化地表示为 T/T_1;当 $n=0$ 时,表示为 $(c_1,\cdots,c_m)$ $T[]$.

(5) 构造项是值项、特征项、元组项或上下文项.

例 4.3 考虑以下构造项：

(1) $x   根据定义 4.4(1)

(2) $w:$u

 校领导:$x/指导研究生:$y[学号:$w,导师:$u]   根据定义 4.4(2)

(3) [Tom 所属的校队:$v,Tom 的工作单位:$x/学生:$y/身份:$z[选修课程:$w/分数:

 $t,学号:$u],MIT 的教授:$f]   根据定义 4.4(3)

(4) $x[]

 (教授)$x[]

 $u/指导研究生:$y[]   根据定义 4.4(4)

查询(query)是一个表达式：

$$query\ class\ E_1,\cdots,E_n\ construct\ C$$

其中 $E_1,\cdots,E_n(n\geqslant1)$ 是查询表达式, C 是可选的构造项. 若关键字 *class* 存在,表示是模式查询;否则,是实例查询. 当 C 不存在时,关键字 *construct* 也必须省略.

它表明一个查询分为两个部分:查询部分使用了变量并根据变量所在的位置将其绑定到类、对象及其他们任意部分来得到想要找的信息;结果构造部分对结果的格式进行定义. 省略 C 表明该查询不定义结果的格式,只是判断查询部分是**真**(true)还是**假**(false).

定义 4.5 （**自由变量和受限变量**）设 *query class* $E_1,\cdots,E_n$ *construct* C 是一个查询, $E_1,\cdots,E_n$ 中的自由变量(free variable)和受限变量(bound variable)定义如下：

(1) 出现在肯定查询表达式中的变量或者作为非量词化变量出现在全称量词查询表达式中的变量是**自由变量**.

(2) 如果 E 是自由变量或 $E\in U$(其中 U 是全集), $x=E$ 或 $E=x$ 是 $E_1,\cdots,E_n$ 中的比较查询表达式,则 x 是**自由变量**.

(3) 只出现在否定查询表达式中或作为量词化变量出现在全称量词查询表达式中的变量是**受限变量**.

如果 $E_1,\cdots,E_n$ 中的每一个变量要么是自由变量要么是受限变量并且 C 中只出现自由变量,则该查询是**安全**(safe)的. 反之,如果 $E_1,\cdots,E_n$ 中存在既不是自由变量又不是受限变量的变量或者 C 中出现 $E_1,\cdots,E_n$ 中不存在的变量或者 C 中出现 $E_1,\cdots,E_n$ 中的受限变量,则该查询是**不安全**(unsafe)的. IQL 中只允许出现安全的查询.

值得注意的是 IQL 虽然不显示地表示存在量词,但是在一个安全的查询中,不出现在 C 中的自由变量其语义是存在量词化的. 例如,

query MIT/开设课程:$x

自由变量 x 是存在量词化的;

query MIT/开设课程:$x/授课者:$y construct $x

自由变量y是存在量词化的.

例4.4　以下是模式查询的示例:

(1) query class 大学/校领导:$x→$y[$w]:$z construct[大学校领导的目标类:
$x,校领导的子关系:$y[$w,目标类:$z]]

它表示找大学校领导的目标类,校领导的子关系及子关系的属性定义和目标类.显示大学校领导的目标类,校领导的各个子关系及其属性定义和目标类.该查询也可以等价地表示如下:

query class 大学/校领导:$x→$y/$w:$u:$z construct[大学校领导的目标类:
$x,校领导的子关系:$y[$w:$u,目标类:$z]]

(2) query class $u= 大学,$u[//校领导:$x[性别:$y,$z:Int],开设课程:$w/$v:
$t]construct $u[校领导:$x[性别:$y,$z:Int],开设课程:$w/$v:$t]

它表示找大学校领导和开设课程的目标类,校领导的目标类的性别的类型及类型是 Int 型的属性,开设课程目标类的所有定义.嵌套显示大学及其校领导和开设课程的目标类,对于校领导的目标类显示其性别的类型,类型是 Int 型的属性.

(3) query class $x isa 教师,$x//职业:$y/$z construct 教师的子类是:$x/职业:
$y/$z

它表示找教师的子类,这些子类的职业的目标及目标下的定义.显示教师的各个子类及其职业的目标和目标下的各个定义.

例4.5　以下是实例查询示例:

- **安全的实例查询:**

(1) query MIT/校领导:*$x→$y[$w]:$z construct[MIT 校领导:$x,MIT 校领导的
子关系:$y[$w,人:$z]]

它表示找 MIT 校领导的目标对象,MIT 校领导的子关系及子关系的属性赋值和目标对象.显示 MIT 校领导的所有目标对象,MIT 校领导的各个子关系及各个子关系的属性赋值和对应的目标对象.该查询也可以等价的表示如下:

query MIT/校领导:*$x→$y/$w:$u:$z construct[MIT 校领导:$x,MIT 校领导
的子关系:$y[$w:$u,人:$z]]

(2) query MIT[教师:Tom[职位:$v.副教练/开始年份:2005,工作单位:$x/学生:*$y//
身份:$z[//选修课程:$w/分数:$t,//学号:$u]],//教授:$f],$w/授课者:$f
construct[Tom 所属的校队:$v,Tom 的工作单位:$x/学生:$y/身份:$z[选修课
程:$w/分数:$t,学号:$u],MIT 的教授:$f]

它表示找 MIT 的教师 Tom 和 MIT 的教授,Tom 的职位是开始年份是 2005年的某个校队的副教练;还要找 Tom 的工作单位及其他所在工作单位的所有学生,这些学生的身份及作为这种身份选修的课程和学号及所选修的课程的分数;同时还要满足所选修课程的授课者是 MIT 的教授.显示 Tom 所属的校队;Tom 所

在的工作单位及各个工作单位的学生,各个学生的身份及在各个身份下选修的课程和学号及其各门选修课程的分数;还要显示 MIT 的教授.

(3) query{校领导,副教练} $x[//职称:教授[开始年份:$y,讲授课程:高级数据库,指导研究生:Ann],职位:$z/开始年份:2005],$y< 2006 construct(副教练)$x[]

它表示找既是校领导又是副教练的一类人,他们的职称是教授,他们在 2006 年之前开始做教授,作为教授他们讲授了高级数据库课程并且指导了研究生 Ann,同时还要找这些人开始于 2005 年的职位. 显示这些人作为副教练的信息.

(4) query $v isa 大学,$v MIT/校领导:*$x[//讲授课程:高级数据库,//指导研究生:$y[//学号:$w,//导师:$u]] construct MIT[所属的类:$v,校领导:$x/指导研究生:$y[学号:$w,导师:$u]]

它表示找大学的子类,MIT 属于这些子类,还要找 MIT 讲授高级数据库课程的校领导及其他们指导的研究生及其这些研究生的学号和导师. 显示 MIT 所属的类及 MIT 各个校领导及其他们指导的研究生及其各个研究生的学号和导师. 对于同样的查询,如果想显示导师及其每个导师指导的研究生的所有信息,构造项可以表示如下:

$u/指导研究生:$y[]

(5) query MIT/开设课程:$x,not 研究生课程 $x construct $x

它表示找 MIT 所开设的所有非研究生课程,并且显示这些课程. 因为"开设课程"存在逆关系"开课单位",所以该查询也可等价的表示如下:

query {$x/开课单位:MIT,not 研究生课程 $x construct $x

(6) query not MIT//开设课程:$x//授课者:$y//指导研究生:$z

它表示找 MIT 是否不开设任何课程;否则,所开设的课程是否没有授课者;否则,授课者是否不指导研究生.

(7) query 教授 $x//指导研究生:$y,(foreach $z in $x//讲授课程:$z)($y//选修课程:$z) construct $x/指导研究生:$y

它表示找满足如下的条件的教授及其所指导的研究生:教授所指导的研究生中至少有一个人选修了教授所讲授的所有课程. 显示这些满足条件的教授及其所指导的研究生. 它也可以表示如下:

query 研究生 $y//导师:$x,(foreach $z in $x//讲授课程:$z)($y//选修课程:$z)construct $x/指导研究生:$y

(8) query 教授 $x,(foreach $y,$z in $x[//指导研究生:$y,//讲授课程:$z])($y//选修课程:$z)

它表示找是否存在一个教授,他所指导的所有研究生都选修了他讲授的所有课程. 它也可以表示如下:

query 教授 $x,(foreach $y in $x//指导研究生:$y)((foreach $z in $x //讲授课

程:\$z)(\$y//选修课程:\$z))

- 不安全的查询:

query \$x= \$y

因为\$x 和\$y 既不是自由变量也不是受限变量.

query \$x= 2001,\$x> \$y

因为\$y 既不是自由变量也不是受限变量.

query not MIT//开设课程:\$x//授课者:\$y//指导研究生:\$z construct \$x

因为构造项中的\$x 是受限变量.

query 教授\$x//指导研究生:\$y,(foreach \$z in \$x//讲授课程:\$z)(\$y//选修课程:\$z)construct \$x[指导研究生:\$y,选修课程:\$z]

因为构造项中的\$z 是受限变量.

query MIT/开设课程:\$x construct \$x

因为\$y 没有出现在查询表达式中.

4.3　IQL 的语义

本节讨论 IQL 的语义. 在一个查询中,变量可以根据其所在的位置绑定到不同的成分上,并且一次匹配一个. 模式查询的查询表达式中的变量可以绑定到类定义、类的各种定义,如属性定义、各种关系定义、上下文语境信息定义及其这些定义的任意部分. 实例查询的查询表达式中的变量可以绑定到对象赋值、对象的各种表达式,如属性表达式、各种关系表达式、上下文语境信息表达式、元组表达式、角色表达式、对象角色特征表达式、对象特征表达式及其这些表达式的任意部分. 因此引入以下概念:

定义 4.6 （**绑定**（binding）和**替换**（substitution)）变量 \$x 的绑定（binding）形如 x/e,其中 $e \in U$. 对各不相同的变量 $x_1,\cdots,x_n(n \geqslant 1)$ 的替换（substitution)是形如 $\{x_1/e_1,\cdots,x_n/e_n\}$ 的绑定有限集合. 设 E 是一个查询表达式,则 ΘE 表示将出现在 E 中的每一个变量 x_i 替换成 Θ 中 x_i 的绑定所对应的 e_i 所得到的表达式.

例 4.6 根据程序 3.5 和 3.6 所示的类定义和程序 4.1 所示的子类定义,考虑以下模式查询表达式的替换及每个替换中的绑定:

(1)教授 \$x

　　Θ={\$x/[@性别:String,@年龄:Int,

　　　　工作单位:大学[职业:教师[职称:教授[

　　　　　@开始年份:Int,

　　　　　讲授课程:课程,

　　　　　指导研究生:研究生]]]]}

(2)教授/工作单位:大学/\$x

$\Theta_1 = \{\$ x/$职业:教师[职称:教授[

@开始年份:Int,

讲授课程:课程,

指导研究生:研究生]]\}

$\Theta_2 = \{\$ x/@$排名:Int\}

$\Theta_3 = \{\$ x/$开设课程:课程\}

$\Theta_4 = \{\$ x/$包括:校队\}

$\Theta_5 = \{\$ x/role$ 校领导[@办公室:String,@任期:Int]→\{

校长[@办公室:String,@任期:Int],

副校长[@办公室:String,@任期:Int]\}:人\}

$\Theta_6 = \{\$ x/role$ 教师→\{教授,讲师\}:人\}

$\Theta_7 = \{\$ x/role$ 学生→\{研究生→\{硕士生,博士生\},本科生\}:人\}

(3) 教授//$\$ x$

$\Theta_1 = \{\$ x/@$性别:String\}

$\Theta_2 = \{\$ x/@$年龄:Int\}

$\Theta_3 = \{\$ x/$工作单位:大学[职业:教师[职称:教授[

@开始年份:Int,

讲授课程:课程,

指导研究生:研究生]]]\}

$\Theta_4 = \{\$ x/$职业:教师[职称:教授[

@开始年份:Int,

讲授课程:课程,

指导研究生:研究生]]\}

$\Theta_5 = \{\$ x/$职称:教授[

@开始年份:Int,

讲授课程:课程,

指导研究生:研究生]\}

$\Theta_6 = \{\$ x/@$开始年份:Int\}

$\Theta_7 = \{\$ x/$讲授课程:课程\}

$\Theta_8 = \{\$ x/$指导研究生:研究生\}

(4) 教授/工作单位:$\$ x$

$\Theta = \{\$ x/$大学[职业:教师[职称:教授[@开始年份:Int,讲授课程:课程,

指导研究生:研究生]]]\}

(5) 教授//职业:$\$ x$

$\Theta = \{\$ x/$教师[职称:教授[@开始年份:Int,

讲授课程:课程,

指导研究生:研究生]]}

(6)副教练/职位:$x

Θ={$x/校队.副教练[@开始年份:Int]}

副教练/职位:$x.$y/$z

Θ={$x/校队,$y/副教练,$z/@开始年份:Int}

(7)大学/校领导→$x

Θ₁={$x/副校长[@任期:Int,@办公室:String]:人}

Θ₂={$x/校长[@任期:Int,@办公室:String]:人}

大学/学生→*$x:$y

Θ₁={$x/研究生,$y/人}

Θ₂={$x/本科生,$y/人}

Θ₃={$x/硕士生,$y/人}

Θ₄={$4/博士生,$y/人}

(8)大学/校领导:$x→$y:$z

Θ₁={$x/人,$y/副校长[@任期:Int,@办公室:String],$z/人}

Θ₂={$x/人,$y/校长[@任期:Int,@办公室:String],$z/人}

大学/校领导:$x→$y/$w:$z

Θ₁={$x/人,$y/副校长,$w/任期,$z/Int}

Θ₂={$x/人,$y/副校长,$w/办公室,$z/String}

Θ₃={$x/人,$y/校长,$w/任期,$z/Int}

Θ₄={$x/人,$y/校长,$w/办公室,$z/String}

大学/校领导:$x→$y[$w]:$z

Θ₁={$x/人,$y/副校长,$w/@任期:Int,$z/人}

Θ₂={$x/人,$y/副校长,$w/@办公室:String,$z/人}

Θ₃={$x/人,$y/校长,$w/@任期:Int,$z/人}

Θ₄={$x/人,$y/校长,$w/@办公室:String,$z/人}

大学/校领导:$x→$y/$w:$u:$z

Θ₁={$x/人,$y/副校长,$w/任期,$u/Int,$z/人}

Θ₂={$x/人,$y/副校长,$w/办公室,$u/String,$z/人}

Θ₃={$x/人,$y/校长,$w/任期,$u/Int,$z/人}

Θ₄={$x/人,$y/校长,$w/办公室,$u/String,$z/人}

(9)$u=大学,$u[//校领导:$x[性别:$y,$z:Int],开设课程:$w/$v:$t]

Θ₁={$u/大学,$x/人,$y/String,$z/年龄,$w/课程,$v/学分,$t/Int}

Θ₂={$u/大学,$x/人,$y/String,$z/年龄,$w/课程,
　　　$v/先行课[@相关性:String],$t/课程}

Θ₃={$u/大学,$x/人,$y/String,$z/年龄,$w/课程,
　　　$v/后续课[@相关性:String],$t/课程}

Θ_4＝{\$u/大学,\$x/人,\$y/String,\$z/年龄,\$w/课程,

$\qquad$ \$v/开课单位,\$t/大学}

Θ_5＝{\$u/大学,\$x/人,\$y/String,\$z/年龄,\$w/课程,

$\qquad$ \$v/授课者,\$t/教师}

Θ_6＝{\$u/大学,\$x/人,\$y/String,\$z/年龄,\$w/课程,

$\qquad$ \$v/选课者[@分数:Int],\$t/学生}

(10)\$x isa 教师,\$x//职业:\$y/\$z

$\quad$ Θ_1＝{\$x/教授,\$y/教师,

$\qquad$ \$z/职称:教授[@开始年份:Int,讲授课程:课程,指导研究生:研究生]]}

$\quad$ Θ_2＝{\$x/讲师,\$y/教师,

$\qquad$ \$z/职称:讲师[@开始年份:Int,讲授课程:课程]]}

例 4.7 根据程序 4.2 所示的对象说明,考虑以下实例查询表达式的替换及每个替换中的绑定:

(1) UCB \$x

$\quad$ Θ＝{\$x/[教师→教授:Bev,学生→研究生→{硕士生:Ann,博士生:Ann}]}

(2) Bev/工作单位:UCB//\$x

$\quad$ Θ_1＝{\$x/职业:教师[职称:教授[指导研究生:Ann]]}

$\quad$ Θ_2＝{\$x/职称:教授[指导研究生:Ann]}

$\quad$ Θ_3＝{\$x/指导研究生:Ann}

$\quad$ Θ_4＝{\$x/教师→教授:Bev}

$\quad$ Θ_5＝{\$x/教授:Bev}

$\quad$ Θ_6＝{\$x/学生→研究生→{硕士生:Ann,博士生:Ann}}

$\quad$ Θ_7＝{\$x/研究生→{硕士生:Ann,博士生:Ann}}

$\quad$ Θ_8＝{\$x/硕士生:Ann}

$\quad$ Θ_9＝{\$x/博士生:Ann}

$\quad$ Bev/工作单位:UCB//\$x:\$y

$\quad$ Θ_1＝{\$x/职业,\$y/教师[职称:教授[指导研究生:Ann]]}

$\quad$ Θ_2＝{\$x/职称,\$y/教授[指导研究生:Ann]}

$\quad$ Θ_3＝{\$x/指导研究生,\$y/Ann}

$\quad$ Θ_4＝{\$x/教授,\$y/Bev}

$\quad$ Θ_5＝{\$x/硕士生,\$y/Ann}

$\quad$ Θ_6＝{\$x/博士生,\$y/Ann}}

(3) Tom//\$x

$\quad$ Θ_1＝{\$x/年龄:41}

$\quad$ Θ_2＝{\$x/工作单位:MIT[职业:教师]}

$\quad$ Θ_3＝{\$x/职业:教师}

$\quad$ Θ_4＝{\$x/职位:女子篮球队.副教练[开始年份:2005]}

$\Theta_5 = \{\$x/\text{开始年份}:2005\}$

(4) Bob/工作单位:$x

$\Theta_1 = \{\$x/\text{MIT}\}$

$\Theta_2 = \{\$x/\text{MIT}[\text{职务}:\text{校长}]\}$

$\Theta_3 = \{\$x/\text{MIT}[\text{职务}:\text{校长}[\text{开始年份}:2007]]\}$

$\Theta_4 = \{\$x/\text{MIT}[\text{职业}:\text{教师}]\}$

$\Theta_5 = \{\$x/\text{MIT}[\text{职业}:\text{教师}[\text{职称}:\text{教授}]]\}$

$\Theta_6 = \{\$x/\text{MIT}[\text{职业}:\text{教师}[\text{职称}:\text{教授}[\text{开始年份}:2001]]]\}$

$\Theta_7 = \{\$x/\text{MIT}[\text{职业}:\text{教师}[\text{职称}:\text{教授}[\text{讲授课程}:\{\text{高级数据库},\text{算法设计}\}]]]\}$

$\Theta_8 = \{\$x/\text{MIT}[\text{职业}:\text{教师}[\text{职称}:\text{教授}[\text{指导研究生}:\{\text{Ann,Amy}\}]]]\}$

$\Theta_9 = \{\$x/\text{MIT}[\text{职业}:\text{教师}[\text{职称}:\text{教授}[\text{开始年份}:2001,\text{讲授课程}:\{\text{ADB,DS}\}]]]\}$

$\Theta_{10} = \{\$x/\text{MIT}[\text{职业}:\text{教师}[\text{职称}:\text{教授}[\text{开始年份}:2001,$
　　　　　　　　　　　　$\text{指导研究生}:\{\text{Ann,Amy}\}]]]\}$

$\Theta_{11} = \{\$x/\text{MIT}[\text{职业}:\text{教师}[\text{职称}:\text{教授}[\text{讲授课程}:\{\text{高级数据库},\text{算法设计}\},$
　　　　　　　　　　　　$\text{指导研究生}:\{\text{Ann,Amy}\}]]]\}$

$\Theta_{12} = \{\$x/\text{MIT}[\text{职务}:\text{校长}[\text{开始年份}:2007,$
　　　　　　$\text{职业}:\text{教师}[\text{职称}:\text{教授}[\text{开始年份}:2001,$
　　　　　　　　　　$\text{讲授课程}:\{\text{高级数据库},\text{算法设计}\},$
　　　　　　　　　　$\text{指导研究生}:\{\text{Ann,Amy}\}]]]\}$

(5) Ann//身份:$x

$\Theta_1 = \{\$x/\text{硕士生}[\text{学号}:0301,\text{选修课程}:\text{高级数据库}[\text{分数}:90],\text{导师}:\text{Bob}]\}$

$\Theta_2 = \{\$x/\text{硕士生}[\text{学号}:0401]\}$

$\Theta_3 = \{\$x/\text{博士生}[\text{学号}:0601,\text{导师}:\text{Bev}]\}$

(6) Bob/职位:$x

$\Theta = \{\$x/\text{女子篮球队}.\text{副教练}[\text{开始年份}:2005]\}$

Bob/职位:$x.$y/$z

$\Theta = \{\$x/\text{女子篮球队},\$y/\text{副教练},\$z/\text{开始年份}:2005\}$

(7) Ann//身份:博士生/$x

$\Theta_1 = \{\$x/\text{学号}:0601\}$

$\Theta_2 = \{\$x/\text{导师}:\text{Bev}\}$

(8) MIT/校领导→$x

$\Theta_1 = \{\$x/\text{副校长}[\text{任期}:3,\text{办公室}:\text{L-201}]:\text{Ben}\}$

$\Theta_2 = \{\$x/\text{校长}[\text{任期}:2,\text{办公室}:\text{L-202}]:\text{Bob}\}$

UCB/学生→*$x

$\Theta_1 = \{\$x/\text{研究生}\}$

$\Theta_2 = \{\$x/\text{研究生}:\text{Ann}\}$

$\Theta_3 = \{\$x/\text{博士生}:\text{Ann}\}$

UCB//研究生→$x:$y/性别:$z

Θ_1={$x/硕士生,$y/Ann,$z/女}

Θ_2={$x/博士生,$y/Ann,$z/女}

(9) MIT/校领导:*$x→$y:$z

Θ_1={$x/Bob,$y/副校长[任期:3,办公室:L-201],$Z/Ben}

Θ_2={$x/Ben,$y/副校长[任期:3,办公室:L-201],$Z/Ben}

Θ_3={$x/Bob,$y/校长[任期:2,办公室:L-202],$z/Bob}

Θ_4={$x/Ben,$y/校长[任期:2,办公室:L-202],$z/Bob}

MIT/校领导:*$x→$y/$w:$z

Θ_1={$x/Bob,$y/副校长,$w/任期,$z/3}

Θ_2={$x/Bob,$y/副校长,$w/办公室,$z/L-201}

Θ_3={$x/Ben,$y/副校长,$w/任期,$z/3}

Θ_4={$x/Ben,$y/副校长,$w/办公室,$z/L-201}

Θ_5={$x/Bob,$y/校长,$w/任期,$z/2}

Θ_6={$x/Bob,$y/校长,$w/办公室,$z/L-202}

Θ_7={$x/Ben,$y/校长,$w/任期,$z/2}

Θ_8={$x/Ben,$y/校长,$w/办公室,$z/L-202}

MIT/校领导:*$x→$y[$w]:$z

Θ_1={$x/Bob,$y/副校长,$w/任期:3,$z/Ben}

Θ_2={$x/Bob,$y/副校长,$w/办公室:L-201,$z/Ben}

Θ_3={$x/Ben,$y/副校长,$w/任期:3,$z/Ben}

Θ_4={$x/Ben,$y/副校长,$w/办公室:L-201,$z/Ben}

Θ_5={$x/Bob,$y/校长,$w/任期:2,$z/Bob}

Θ_6={$x/Bob,$y/校长,$w/办公室:L-202,$z/Bob}

Θ_7={$x/Ben,$y/校长,$w/任期:2,$z/Bob}

Θ_8={$x/Ben,$y/校长,$w/办公室:L-202,$z/Bob}

MIT/校领导:*$x→$y/$w:$u:$z

Θ_1={$x/Bob,$y/副校长,$w/任期,$u/3,$z/Ben}

Θ_2={$x/Bob,$y/副校长,$w/办公室,$u/L-201,$z/Ben}

Θ_3={$x/Ben,$y/副校长,$w/任期,$u/3,$z/Ben}

Θ_4={$x/Ben,$y/副校长,$w/办公室,$u/L-201,$z/Ben}

Θ_5={$x/Bob,$y/校长,$w/任期,$u/2,$z/Bob}

Θ_6={$x/Bob,$y/校长,$w/办公室,$u/L-202,$z/Bob}

Θ_7={$x/Ben,$y/校长,$w/任期,$u/2,$z/Bob}

Θ_8={$x/Ben,$y/校长,$w/办公室,$u/L-202,$z/Bob}

(10) MIT[教师:Tom[职位:$v.副教练/开始年份:2005,工作单位:$x/学生:*$y//身份:$z[//选修课程:$w/分数:$t,//学号:$u]],//教授:$f],$w/授课者:$f

$\Theta_1 = \{\$v/女子篮球队,\$x/MIT,\$y/Ann,\$z/硕士生,\$w/高级数据库,\$t/90,$

$\qquad \$u/0301,\$f/Bob\}$

$\Theta_2 = \{\$v/女子篮球队,\$x/MIT,\$y/Ann,\$z/硕士生,\$w/算法设计,\$t/88$

$\qquad \$u/0301,\$f/Bob\}$

$\Theta_3 = \{\$v/女子篮球队,\$x/MIT,\$y/Amy,\$z/博士生,\$w/高级数据库,$

$\qquad \$t/95,\$u/0501,\$f/Bob\}$

(11) {校领导,副教练} $x[//职称:教授[开始年份:$y,讲授课程:高级数据库,指导研究生:Ann],职位:$z/开始年份:2005],$y<2006

$\Theta = \{\$x/Bob,\$y/2001,\$z/女子篮球队.副教练\}$

(12) $v isa 大学,$v MIT/校领导:*$x[//讲授课程:高级数据库,//指导研究生:$y[//学号:$w,//导师:$u]]

$\Theta_1 = \{\$v/私立大学,\$x/Bob,\$y/Ann,\$w/0301,\$u/Bob\}$

$\Theta_2 = \{\$v/私立大学,\$x/Bob,\$y/Ann,\$w/0301,\$u/Bev\}$

$\Theta_3 = \{\$v/私立大学,\$x/Bob,\$y/Ann,\$w/0401,\$u/Bob\}$

$\Theta_4 = \{\$v/私立大学,\$x/Bob,\$y/Ann,\$w/0401,\$u/Bev\}$

$\Theta_5 = \{\$v/私立大学,\$x/Bob,\$y/Ann,\$w/0601,\$u/Bob\}$

$\Theta_6 = \{\$v/私立大学,\$x/Bob,\$y/Ann,\$w/0601,\$u/Bev\}$

$\Theta_7 = \{\$v/私立大学,\$x/Bob,\$y/Amy,\$w/0501,\$u/Bob\}$

(13) MIT/开设课程:$x,not 研究生课程 $x

$x/开课单位:MIT,not 研究生课程 $x

$\Theta = \{\$x/操作系统\}$

(14) not MIT//开设课程:$x//授课者:$y//指导研究生:$z

$\Theta_1 = \{\$x/高级数据库,\$y/Bob,\$z/Ann\}$

$\Theta_2 = \{\$x/高级数据库,\$y/Bob,\$z/Amy\}$

$\Theta_3 = \{\$x/算法设计,\$y/Bob,\$z/Ann\}$

$\Theta_4 = \{\$x/算法设计,\$y/Bob,\$z/Amy\}$

(15) 教授 $x//指导研究生:$y,(foreach $z in $x//讲授课程:$z)($y//选修课程:$z)

研究生 $y//导师:$x,(foreach $z in $x//讲授课程:$z)($y//选修课程:$z)

$\Theta_1 = \{\$x/Bob,\$y/Ann\}$

$\Theta_2 = \{\$x/Bob,\$y/Amy\}$

(16) 教授 $x,(foreach $y,$z in $x[//指导研究生:$y,//讲授课程:$z])

($y//选修课程:$z)

教授 $x,(foreach $y in $x//指导研究生:$y)((foreach $z in $x//讲授课程:$z)($y//选修课程:$z))

$\Theta = \{\$x/Bob\}$

因为实例查询是 IQL 的重点和难点,简化起见本节主要考虑实例查询的形式化语义,模式查询与之类似.

给定一个查询表达式集合,根据数据库可以找到相应的替换,这些替换中的表达式相对于数据库而言可能只是数据库的部分,因此引入如下概念来讨论它们的关系.

定义 4.7 (part-of)设 $D=(isa,\Phi,\pi,\Omega)$ 是一个数据库,e 是实例查询中的基项(ground query term),e' 是实例表达式(intance expression)或对象赋值(object assignment),则 e 对于 D 是 e' 的 part-of 表示为 $e\triangleright_D e'$,当且仅当满足以下条件:

(1) $e=rt$ 是角色关系特征项,$e'=r't'$ 是角色关系特征表达式使得 $r=r'$ 且 $t\triangleright_D t'$.

(2) $e=o.r_t$ 是对象角色项,$e'=o'.r_t'$ 是对象角色表达式使得 $o=o'$ 且 $r_t\triangleright_D r_t'$.

(3) $e=ot$ 是对象特征项,$e'=o't'$ 是对象特征表达式或对象赋值使得 $o=o'$ 且 $t\triangleright_D t'$.

(4) $e=n:\{v_1,\cdots,v_m\}$ 是元素项,e' 有三种情况:

(a) $e'=a':\{v_1',\cdots,v_l'\}(1\leqslant m\leqslant l)$ 是属性表达式使得 $n=a'$ 且对于每一个 $v_i(1\leqslant i\leqslant m)$,存在 $v_j'(1\leqslant j\leqslant l)$ 且 $v_i=v_j'$.

(b) $e'=i':\{v_1',\cdots,v_l'\}(1\leqslant m\leqslant l)$ 是角色表达式或上下文语境信息表达式的第二种形式使得 $n=i'$ 且对于每一个 $v(1\leqslant i\leqslant m)$,存在 $v_j'(1\leqslant j\leqslant l)$ 且 $v\triangleright_D v_j'$.

(c) $e'=r':\{o_{t_1}',\cdots,o_{t_l}'\}(1\leqslant m\leqslant l)$ 是普通关系表达式、上下文相关关系表达式或上下文语境信息表达式的第一种形式使得 $n=r'$ 且对于每一个 $v_i=o_i t_i$ $(1\leqslant i\leqslant m)$,存在 $o_{t_j}'=o_j' t_j'(1\leqslant j\leqslant l)$,要么 $v_i\triangleright_D o_{t_j}'$,要么 $o=o_j'$,且存在一个对象赋值 $o_t'\in\Omega$ 且 $v_i\triangleright_D o_t'$.

(5) (a) $e=r_t:\{o_{t_1},\cdots,o_{t_m}\}$ 或 $e=r_t:*\{o_{t_1},\cdots,o_{t_m}\}$ 是单节点角色关系项,e' 是以 $r_p'=r_t':\{o_{t_1}',\cdots,o_{t_n}'\}(m,n\geqslant0)$ 为根的角色关系表达式,使得①$r_t\triangleright_D r_t'$;②对于每一个 $o_{t_i}=o_i t_i(1\leqslant i\leqslant m)$ 存在一个对象赋值 $o_t'\in\Omega$ 使得 $o_{t_i}\triangleright_D o_t'$,并且当 $e=r_t:\{o_{t_1},\cdots,o_{t_m}\}$ 时 o_i 出现在 r_p' 中,当 $e=r_t:*\{o_{t_1},\cdots,o_{t_m}\}$ 时 o_i 出现在 e' 的子树中.

(b) $e\rightarrow r_p:\{e,\cdots,e_m\}$ 或 $e\rightarrow*r_p:\{e_1,\cdots,e_m\}$ 是层次角色关系项,$e'\rightarrow r_p':\{e_1',\cdots,e_n'\}$ 是层次角色关系表达式,它们满足:①r_p 和 r_p' 有相同的角色关系名;②$r_p\triangleright_D e'$;③当 $e=r_p\rightarrow\{e_1,\cdots,e_m\}$ 时,对于每个 e $(1\leqslant i\leqslant m)$,在 e' 中存在 $e_j'(1\leqslant j\leqslant n)$ 使得 $e\triangleright_D e_j'$.当 $e=r_p\rightarrow*\{e_1,\cdots,e_m\}$ 时,对于每个 e $(1\leqslant i\leqslant m)$,在 e' 中存在 e_j' 的子树 $e_j''(1\leqslant j\leqslant n)$ 使得 $e\triangleright_D e_j''$.

(6) $e=//p$ 是子孙项,考虑两种情况:

(a) p 是元素项,e' 是非角色关系表达式,在 e' 中存在一个表达式 p' 使得 $p\triangleright_D p'$;

(b) p 是角色关系项,e' 是角色关系表达式,在 e' 中存在一个表达式 p' 使得 p 和 p' 的根节点有相同的角色关系名且 $p\triangleright_D p'$.

(7) $e=[p_1,\cdots,p_m]$是元组项, $e'=[p'_1,\cdots,p'_m]$ $(1\leqslant m\leqslant n)$是元组表达式,对于任意的 $p_i(1\leqslant i\leqslant m)$都存在一个 $p'_j(1\leqslant j\leqslant n)$使得 $p\rhd_D p'_j$.

(8) $e=\{c_1,\cdots,c_m\}o$ 是对象分类项, $e'=\{c'_1,\cdots,c'_m\}o'$ 是对象分类说明使得 $o=o'$且对于任意的 $c_i(1\leqslant i\leqslant m)$存在 c'_j isa $c_i(1\leqslant j\leqslant n)$.

(9) c isa $\{c_1,\cdots,c_m\}$是 isa 项, $e'=c'$ isa $\{c'_1,\cdots,c'_n\}$是子类定义使得 $c=c'$且对于任意的 $c_i(1\leqslant i\leqslant m)$存在 c'_j isa* $c_i(1\leqslant j\leqslant n)$.

part-of 的定义递归地说明了各种查询项如何匹配数据库. 如定义 4.3 所述,肯定查询表达式(positive query expression)是对象分类项、对象特征项、isa 项及其前两者的复合形式,所以对于基本肯定查询表达式(ground positive query expression)而言,从这三种项开始根据 part-of 的定义递归地匹配数据库.

值得注意的是,为了表示在查询中一步步遍历图,IQL 引入了两个符号:/和//. 前者表示跳一层,后者表示跳一层或多层. 因为 INM 中的元数据对象有其独特的语义特征. 即每一个元数据对象的所有信息包括其属性,各种关系、上下文语境信息都集中的表示一个对象中;不同的元数据对象通过各种关系互联. 从查询的语义角度考虑,"//"不能在 INM 的图结构中任意跳层. 在元数据对象内部找其任何信息都是有意义的. 例如,找 MIT 的校长:query MIT//校长:\$x. 从一个对象经过若干关系跳转到其他对象也有意义. 例如,找 Bob 指导的研究生选修的课程:query Bob//指导研究生:\$x//选修课程:\$y. 但是从一个对象不经过任何关系直接跳向逻辑上有联系的其他对象找该对象的信息则没有意义. 例如,找 MIT 指导的研究生:query MIT//指导研究生:\$x. part-of 的定义将"//"的语义限制在前两种语义范围内从而避免了遍历有向图出现死循环. 这样 IQL 既能够自然地表示和遍历图结构对象并提取其有意义的结果,又可以解决"环"的 问题,这也是 IQL 的特色之一.

例 4.8　基于如程序 4.2 所示的对象说明和程序 4.1 所示的子类定义,考虑以下基项和实例表达式之间的 part-of 关系:

(a) 开始年份:2001 $\rhd_D$ 开始年份:2001　　　　　　　　　根据定义 4.7(4).(a)

(b) 讲授课程:高级数据库 $\rhd_D$ 讲授课程:{高级数据库,算法设计}

　　　　　　　　　　　　　　　　　　　根据定义 4.7(4).(c)

(c) 职称:教授[开始年份:2001,讲授课程:高级数据库,指导研究生:Ann] $\rhd_D$

　　职称:教授[开始年份:2001,讲授课程:{高级数据库,算法设计},

　　　　　指导研究生:{Ann,Amy}]　　　　　　根据定义 4.7(4).(b)(1)(7)

(d) //职称:教授[开始年份:2001,讲授课程:高级数据库,指导研究生:Ann] $\rhd_D$

　　工作单位:MIT[职务:校长[开始年份:2007],

　　　　　职业:教师[职称:教授[

　　　　　　开始年份:2001,讲授课程:{高级数据库,算法设计},

指导研究生：{Ann,Amy}]]] 　　　　　　　根据定义 4.7(6).(a)

(e)职位:女子篮球队.副教练/开始年份:2005 ▷_D

　　职位:女子篮球队.副教练[开始年份:2005]根据定义 4.7(4).(b)(2)(7)&(4).(a)

(f)Bob[//职称:教授[开始年份:2001,讲授课程:高级数据库,指导研究生:Ann],

　　　　职位:女子篮球队.副教练/开始年份:2005] ▷_D

　Bob[年龄:45,

　　　　工作单位:MIT[职务:校长[开始年份:2007],

　　　　　　　　职业:教师[职称:教授[

　　　　　　　开始年份:2001,

　　　　　　　讲授课程:{高级数据库,算法设计},

　　　　　　　指导研究生:{Ann,Amy}]]],

　　　　职位:女子篮球队.副教练[开始年份:2005]] 　　　　根据定义 4.7(3)&(7)

(g)Ann/性别:女 ▷_D

　Ann[性别:女,

　　　　就读于:{MIT[身份:硕士生[学号:0301,

　　　　　　　　　选修课程:高级数据库[分数:90],

　　　　　　　　导师:Bob]],

　　　　　UCB[身份:{硕士生[学号:0401],

　　　　　　　　博士生[学号:0601,

　　　　　　　　　导师:Bev]}]]] 根据定义 4.7(3)(7)&(4).(a)

(h)博士生:Ann/性别:女 ▷_D 博士生:Ann 　　　　　　　根据定义 4.7(5).(a)

(i)UCB//研究生→博士生:Ann/性别:女 ▷_D

　UCB[教师→教授:Bev,

　　　学生→研究生→{硕士生:Ann,

　　　　　　　博士生:Ann}] 　　　根据定义 4.7(3)(7)(6).(b)&(5).(b)

(j)UCB/学生→博士生:Ann ▷_D

　UCB[教师→教授:Bev,

　　　学生→研究生→{硕士生:Ann,博士生:Ann}] 根据定义 4.7(3)(7)&(5).(b)

(k){校领导,副教练} Bob ▷_D {校长,教授,副教练}Bob 　　　　根据定义 4.7(8)

(l)教授 isa{教师,人} ▷_D 教授 isa 教师 　　　　　根据定义 4.7(9)

定义 4.8(查询表达式满足数据库) 设 $D=(isa,\Phi,\pi,\Omega)$ 是数据库,查询表达式 Ψ 满足数据库 D 用 $D\models\Psi$ 表示,其否定查询表达式 Ψ 不满足数据库用 $D\not\models\Psi$ 表示,定义如下:

(1)基本肯定查询表达式(ground positive query expression)Ψ 分为四种情况:

(a)若 Ψ 是对象分类基项,$D\models\Psi$ 当且仅当存在一个对象分类说明 $\Psi'\in\pi$ 使得 $\Psi\triangleright_D\Psi'$.

(b) 若 Ψ 是对象特征基项,$D \vDash \Psi$ 当且仅当存在一个对象赋值 $\Psi' \in \Omega$ 使得 $\Psi \triangleright_D \Psi'$.

(c) 若 Ψ 是 isa 基项,$D \vDash \Psi$ 当且仅当存在一个子类定义 $\Psi' \in isa$ 使得 $\Psi \triangleright_D \Psi'$.

(d) 若 $\Psi = \{c_1, \cdots, c_n\}\, o\, t$,$D \vDash \Psi$ 当且仅当 $D \vDash \{c_1, \cdots, c_n\} o$ 且 $D \vDash ot$.

(2) 否定查询表达式 $\Psi = not\ \Psi'$ 分为两种情况:

(a) 若 Ψ 是基本否定查询表达式(ground negative query expression),$D \vDash \Psi$ 当且仅当 $D \nvDash \Psi'$.

(b) 若 Ψ 是只有受限变量的否定查询表达式,$D \vDash \Psi$ 当且仅当不存在对所有受限变量的替换 Θ 使得 $D \vDash \Theta \psi'$.

(3) 对于只有受限变量的全称量词查询表达式,
$$\Psi = (foreach\ x_1, \cdots, x_m\ in\ E_1, \cdots, E_n)(E),$$
$D \vDash \Psi$ 当且仅当对 $x_1, \cdots, x_m$ 的每一个替换 Θ,$D \vDash \Theta E_i (1 \leqslant i \leqslant n)$ 使得 $D \vDash \Theta E$.

(4) 对于基本比较查询表达式 Ψ,$D \vDash \Psi$ 当且仅当 Ψ 为真.

值得注意的是,语义上 IQL 中将否定查询表达式分两种情况. 第一种情况是否定查询表达式中不存在受限变量(换句话说,其变量都以自由变量的形式出现在其他查询表达式中),当对这些自由变量用相应绑定中的值进行替换以后使得其成为基本否定查询表达式(ground negative query expression),这种情况的语义只是一种否定判断. 第二种情况是否定查询表达式中存在受限变量,这种情况下的语义表示逻辑中的 not exists[122]. 即将逻辑中的否定(negation)作为一种内置(built-in)的 not exists 来处理. 这种内置的 not exists 的好处是在不削弱 IQL 的表达能力的情况下,逻辑上需要用 not exists 嵌套表示的查询在 IQL 中能以最精炼的形式表示,从而最大限度的简化了语法.

例 4.9　考虑例 4.7 中各个查询的查询表达式对数据库的满足情况:

(1) 对于例(1)~(10),将出现在查询表达式中的每一个变量替换成 Θ_i 中相应绑定所对应的值以后所得到的基本肯定查询表达式,根据定义 4.8(1).(b),它们都满足数据库.

(2) 对于例(11),将其每一个变量替换成 Θ 中相应绑定所对应的值以后得到以下基本肯定和比较查询表达式:

D⊨Θ{校领导,副教练}$x　　　　　　　　　　　　　　根据定义 4.8(a)

D⊨Θ $x[//职称:教授[开始年份:$y,讲授课程:高级数据库,

　　　　指导研究生:Ann,职位:$z.副教练/开始年份:2005] 根据定义 4.8(1).(b)

D⊨Θ{校领导,副教练}$x[//职称:教授[开始年份:$y,

　　讲授课程:高级数据库,

指导研究生:Ann,

职位:$z.副教练/开始年份:2005] 根据定义 4.8(1).(d)

D|=Θ $y<2006 根据定义 4.8(4)

(3) 对于例(12),将其每一个变量替换成 Θ$_i$ 中相应绑定所对应的值以后得到基本肯定查询表达式:

D|=Θ$_1$ $v isa 大学 根据定义 4.8(1).(c)

D|=Θ$_1$ $v MIT 根据定义 4.8(1).(a)

D|=Θ$_1$ MIT/校领导:*$x[//讲授课程:高级数据库,//指导研究生:$y[

//学号:$w,//导师:$u]](1≤i≤7) 根据定义 4.8(1).(b)

D|=Θ$_1$ $v MIT/校领导:*$x[//讲授课程:高级数据库,//指导研究生:$y[

//学号:$w,//导师:$u]](1≤i≤7) 根据定义 4.8(1).(d)

(4) 对于例(13),$x 是自由变量,将其替换成 Θ 中相应绑定所对应的值以后得到基本查询表达式:

D|=Θ MIT/开设课程:$x 根据定义 4.0(1).(b)

D|=Θ not 研究生课程$x 根据定义 4.8(2).(a)

(5) 对于例(14),$x,$y,$z 都是受限变量,因为存在 Θ$_1$—Θ$_4$ 使得

D|=Θ$_1$ MIT//开设课程:$x//授课者:$y//指导研究生:$z(1≤i≤4)

根据定义 4.8(2).(b)

D|≠not MIT//开设课程:$x//授课者:$y//指导研究生:$z

(6) 对于例(15),$x 和$y 是自由变量,将$x 和$y 替换成 Θ$_i$ 中相应绑定所对应的值以后得到查询表达式:

D|= Θ$_1$ 教授 $x//指导研究生:$y 根据 (2).(d)

对于只有受限变量$z 的全称量词查询表达式:

Ψ=(foreach $z in Bob//讲授课程:$z)(Ann//选修课程:$z)

对$z 有两个替换:

Θ$_1'$={$z/高级数据库}和Θ$_2'$= {$z/算法设计}

因为

D|=Θ$_1'$ Bob//讲授课程:$z,使得 D|=Θ$_1'$ Ann//选修课程:$z

D|=Θ$_2'$ Bob//讲授课程:$z,使得 D|=Θ$_2'$ Ann//选修课程:$z

所以

D|=Ψ 根据 (3)

将$x 和$y 替换成 Θ$_2$ 中相应绑定所对应的值以后得到查询表达式:

D|=Θ$_2$ 教授 $x//指导研究生:$y 根据 (2).(d)

对于只有受限变量的全称量词查询表达式:

Ψ=(foreach $z in Bob//讲授课程:$z)(Amy//选修课程:$z)

对$z 有两个替换:

$\Theta'_1=\{\$z/高级数据库\}$ 和 $\Theta'_2=\{\$z/算法设计\}$

因为

D$\models\Theta'_1$ Bob∥讲授课程:$z,使得 D$\models\Theta'_1$ Amy∥选修课程:$z

D$\models\Theta'_2$ Bob∥讲授课程:$z,使得 D$\not\models\Theta'_2$ Amy∥选修课程:$z

所以

D$\not\models\Psi$　　　　　　　　　　　　　　　　　　　　　　　　　　根据(3)

(7) 对于例(16),$x 是自由变量,将 $x 替换成 Θ 中相应绑定所对应的值以后得到查询表达式:

D$\models\Theta$ 教授 Bob　　　　　　　　　　　　　　　　　　　　　　根据(2).(a)

对于只有受限变量 $y 和$z 的全称量词查询表达式:

$\Psi=$(foreach $y,$z in Bob[∥指导研究生:$y,∥讲授课程:$z])

　　　($y∥选修课程:$z)

对于 $y 和$z 有四个替换:

$\Theta_1=\{\$y/Ann,\$z/高级数据库\}$,　　　$\Theta_2=\{\$y/Ann,\$z/算法设计\}$,

$\Theta_3=\{\$y/Amy,\$z/高级数据库\}$,　　　$\Theta_4=\{\$y/Amy,\$z/算法设计\}$,

因为

D$\models\Theta_1$ Bob[∥指导研究生:$y,∥讲授课程:$z],使得 D$\models\Theta_1\$y∥选修课程:$z

D$\models\Theta_2$ Bob[∥指导研究生:$y,∥讲授课程:$z],使得 D$\models\Theta_2\$y∥选修课程:$z

D$\models\Theta_3$ Bob[∥指导研究生:$y,∥讲授课程:$z],使得 D$\models\Theta_3\$y∥选修课程:$z

D$\models\Theta_4$ Bob[∥指导研究生:$y,∥讲授课程:$z],使得 D$\not\models\Theta_4\$y∥选修课程:$z

所以

D$\not\models\Psi$　　　　　　　　　　　　　　　　　　　　　　　　　　根据(3)

定义 4.9 （**可满足的替换**(satisfiable substitution)）设 $D=(isa,\Phi,\pi,\Omega)$ 是数据库,$Q=query\ E_1,\cdots,E_n\ construct\ C$ 是查询,Θ 是对 $E_1,\cdots,E_n$ 中所有自由变量的替换,则 Θ 基于 D 对于查询 Q 是**可满足的替换**(satisfiable substitution)当且仅当 $D\models\Theta\ E_i(1\leqslant i\leqslant n)$.

根据例 4.9 中对查询表达式满足数据库的分析,实例查询例 4.7 的(1)~(13)中每一个替换都是可满足的替换;(14)中的所有替换都不是可满足的替换;(15)中的 Θ_1 是可满足的替换;(16)中的 Θ 不是可满足的替换.

给定一个数据库和一个查询,对于查询中查询表达式集合中的自由变量,可以找到很多基于数据库对于查询是可满足的替换,而有一些替换中的绑定可能比其他替换中的绑定包含更多信息,IQL 中的变量根据其所在的位置,遵循最大匹配的原则,所以引入以下概念,对语义进行进一步限制.

定义 4.10 （**适用替换**(applicable substitution)）设 $\theta=x/e$ 和 $\theta'=x/e'$ 分别是对变量 x 的绑定,则 $\theta\triangleright_D\theta'$ 当且仅当 $e\triangleright_D e'$;设 Θ 和 Θ' 是两个替换,则 $\Theta\triangleright_D\Theta'$ 当

且仅当对于 Θ 中的任意绑定 θ，在 Θ' 中存在一个绑定 θ' 使得 $\theta \triangleright_D \theta'$；设 $D = (isa, \Phi, \pi, \Omega)$ 是数据库，$Q = query\ E_1, \cdots, E_n\ construct\ C$ 是查询，Θ 基于 D 对于查询 Q 是一个可满足的替换，如果不存在一个可满足的替换 Θ' 使得 $\Theta \triangleright_D \Theta'$，则 Θ 是**最大替换**（maximal substitution）。如果 Θ 是最大替换，则称之为查询 Q 的**适用替换**（applicable substitution）。

例如，对于例 4.7(4) 中的替换 $\Theta_1, \cdots, \Theta_{12}$ 都是可满足的替换。因为 $\Theta_i \triangleright_D \Theta_{12}$（$1 \leqslant i \leqslant 11$）所以 Θ_{12} 是最大替换，即只有 Θ_{12} 才是适用替换。

一个查询的适用替换是查询最终满足数据库的替换，得到适用替换后，要根据这些替换中每个绑定的值构造查询结果，所以引入以下概念。

定义 4.11 （**应用**（application））设 $D = (isa, \Phi, \pi, \Omega)$ 是数据库，$Q = query$ $E_1, \cdots, E_n\ construct\ C$ 是查询，Θ 是查询 Q 的适用替换，则 ΘC 用来表示 Θ 对 C 的应用（application），ΘC 是一个构造基项（ground construction term），它根据如下规则从 C 中得到，对于 Θ 中的每一个绑定 $\theta = x/e$：

(i) 若 C 中包含 $x[\ ]$，e 是对象标识，且 $et \in \Omega$ 是对象赋值，则用 et 替换 C 中的每一个 $x[\ ]$；

(ii) 若 C 中包含变量 x，则用对应的 e 替换 C 中的每一个变量 x；

(iii) 若 C 中包含 $(c_1, \cdots, c_n)x[\ ]$，e 是对象标识，且 et 是只包含属于类 $c_1, \cdots, c_n$ 中表达式的对象赋值，则用 et 替换 C 中的每一个 $(c_1, \cdots, c_n)x[\ ]$。

将查询的每一个适用替换都应用到构造项，可以得到一个构造基项集合。

例 4.10 将例 4.7 中查询的适用替换应用到例 4.5 相应的构造项得到的构造基项集合示例：

(1) 根据(ii)，将例 4.7(9) 第三个例子中的适用替换应用到例 4.5(1) 的构造项得到构造基项集合：

　　Θ_i[MIT 校领导:\$x,MIT 校领导的子关系:\$y[\$w,人:\$z]　 （$1 \leqslant i \leqslant 8$）

=\{[MIT 校领导:Bob,MIT 校领导的子关系:副校长[任期:3,人:Ben]],

　[MIT 校领导:Bob,MIT 校领导的子关系:副校长[办公室:L-201,人:Ben]],

　[MIT 校领导:Ben,MIT 校领导的子关系:副校长[任期:3,人:Ben]],

　[MIT 校领导:Ben,MIT 校领导的子关系:副校长[办公室:L-201,人:Ben]],

　[MIT 校领导:Bob,MIT 校领导的子关系:校长[任期:2,人:Bob]],

　[MIT 校领导:Bob,MIT 校领导的子关系:校长[办公室:L-202,人:Bob]],

　[MIT 校领导:Ben,MIT 校领导的子关系:校长[任期:2,人:Bob]],

　[MIT 校领导:Ben,MIT 校领导的子关系:校长[办公室:L-202,人:Bob]]\}

(2) 根据(ii)，将例 4.7(10) 中的适用替换应用到例 4.5(2) 的构造项得到构造基项集合：

　　Θ_i[Tom 所属的校队:\$v,Tom 的工作单位:\$x/学生:\$y/身份:\$z[选修

课程:$w/分数:$t,学号:$u],MIT的教授:$f]　　(1≤i≤3)

={[Tom所属的校队:女子篮球队,Tom的工作单位:MIT[学生:Ann[身份:硕士生[

　选修课程:高级数据库[分数:90],学号:0301]]],MIT的教授:Bob],

　[Tom所属的校队:女子篮球队,Tom的工作单位:MIT[学生:Ann[身份:硕士生[

　选修课程:算法设计[分数:88],学号:0301]]],MIT的教授:Bob],

　[Tom所属的校队:女子篮球队,Tom的工作单位:MIT[学生:Amy[身份:博士生[

　选修课程:高级数据库[分数:95],学号:0501]]],MIT的教授:Bob]}

(3) 根据(iii),将例4.7(11)中的适用替换应用到例4.5(3)的构造项得到构造
基项集合:

　Θᵢ(副教练)$x[] (i=1)

={Bob[职位:女子篮球队.副教练[开始年份:2005]]}

(4) 根据(ii),将例4.7(12)中的适用替换应用到例4.5(4)的构造项得到构造
基项集合:

　Θᵢ MIT[所属的类:$v,校领导:$x/指导研究生:$y[学号:$w,导师:$u]] (1≤i≤7)

={MIT[所属的类:私立大学,校领导:Bob/指导研究生:Ann[学号:0301,导师:Bob]],

　MIT[所属的类:私立大学,校领导:Bob/指导研究生:Ann[学号:0301,导师:Bev]],

　MIT[所属的类:私立大学,校领导:Bob/指导研究生:Ann[学号:0401,导师:Bob]],

　MIT[所属的类:私立大学,校领导:Bob/指导研究生:Ann[学号:0401,导师:Bev]],

　MIT[所属的类:私立大学,校领导:Bob/指导研究生:Ann[学号:0601,导师:Bob]],

　MIT[所属的类:私立大学,校领导:Bob/指导研究生:Ann[学号:0601,导师:Bev]],

　MIT[所属的类:私立大学,校领导:Bob/指导研究生:Amy[学号:0501,导师:Bob]]}

根据(i)和(ii),将例4.7(12)中的适用替换应用到例4.5(4)的第二种构造项
得到构造基项集合:

　Θᵢ$u/指导研究生:$y[] (1≤i≤7)

={Bob[指导研究生:Ann[性别:女,

　　　　　　　就读于:{MIT[身份:硕士生[

　　　　　　　　　　学号:0301,

　　　　　　　　　　选修课程:{高级数据库[分数:90],

　　　　　　　　　　　　　算法设计[分数:88]},

　　　　　　　　　　导师:Bob]],

　　　　　　　UCB[身份:{硕士生[学号:0401],

　　　　　　　　　　博士生[学号:0601,

　　　　　　　　　　　　导师:Bev]}]}]],

　Bev[指导研究生:Ann[性别:女,

　　　　　　　就读于:{MIT[身份:硕士生[

　　　　　　　　　　学号:0301,

　　　　　　　　　　选修课程:{高级数据库[分数:90],

算法设计[分数:88]},

导师:Bob]],

UCB[身份:{硕士生[学号:0401],

博士生[学号:0601,

导师:Bev]}]}]],

Bob[指导研究生:Amy[就读于:MIT[身份:博士生[

学号:0501,

选修课程:高级数据库[分数:95],

导师:Bob]]]]]}

下一步需要根据各种不同的构造项的含义对构造基项集合进行分组从而得到最终的查询结果,所以引入分组操作的概念.

定义 4.12 （**组操作**(grouping operator)）分组操作 G 基于构造基项集合 S 归纳地定义为:

(1) 若 S 是单元素(singleton)构造基项集合,则 $G(S)=S$.

(2) 若 $S=\{v_1,\cdots,v_n\}(n>1)$ 是值基项集合,则 $G(S)=\{v_1,\cdots,v_n\}$.

(3) 若 $S=\{v_1:T_1,\cdots,v_n:T_n\}(n>1)$ 是属性基项集合,则 $G(S)=\{v:G(\{T'_1,\cdots,T'_m\})\mid v:T'_1,\cdots,v:T'_m$ 是 S 中有相同 v 的属性基项$\}$

(4) 若 $S=\{[T_{11},\cdots,T_{n1}],\cdots,[T_{1m},\cdots,T_{nm}]\}(n\geqslant 1,m>1)$ 是元组基项集合,则 $G(S)=\{[G(\{T_{11},\cdots,T_{1m}\}),\cdots,G(\{T_{n1},\cdots,T_{nm}\})]\}$

(5) 若 $S=\{v_1\ T_1,\cdots,v_n\ T_n\}(n>1)$ 是上下文基项集合,则 $G(S)=\{vG(\{T'_1,\cdots,T'_m\})\mid vT'_1,\cdots,vT'_m$ 是 S 中有相同 v 的上下文基项$\}$.

例 4.11 以下是对例 4.10 中的构造基项集合的分组操作示例:

(1) G({[MIT 校领导:Bob,MIT 校领导的子关系:副校长[任期:3,人:Ben]],

[MIT 校领导:Bob,MIT 校领导的子关系:副校长[办公室:L-201,人:Ben]],

[MIT 校领导:Ben,MIT 校领导的子关系:副校长[任期:3,人:Ben]],

[MIT 校领导:Ben,MIT 校领导的子关系:副校长[办公室:L-201,人:Ben]],

[MIT 校领导:Bob,MIT 校领导的子关系:校长[任期:2,人:Bob]],

[MIT 校领导:Bob,MIT 校领导的子关系:校长[办公室:L-202,人:Bob]],

[MIT 校领导:Ben,MIT 校领导的子关系:校长[任期:2,人:Bob]],

[MIT 校领导:Ben,MIT 校领导的子关系:校长[办公室:L-202,人:Bob]]})

= [G({MIT 校领导:Bob,MIT 校领导:Ben}),

G({MIT 校领导的子关系:副校长[任期:3,人:Ben],

MIT 校领导的子关系:副校长[办公室:L-201,人:Ben],

MIT 校领导的子关系:校长[任期:2,人:Bob],

MIT 校领导的子关系:校长[办公室:L-202,人:Bob]})] 根据定义 4.12(4)

= [MIT 校领导:G({Bob,Ben}),   根据定义 4.12(3)

MIT 校领导的子关系:G({副校长[任期:3,人:Ben],

副校长[办公室:L-201,人:Ben],

校长[任期:2,人:Bob],

校长[办公室:L-202,人:Bob]})] 根据定义 4.12(3)

=[MIT 校领导:{Bob,Ben},　　　　　　　　　　根据定义 4.12(2)

　MIT 校领导的子关系:{副校长[G({任期:3}),

G({办公室:L-201}),

G({人:Ben})]

校长[G({任期:2}),

G({办公室:L-202}),

G({人:Ben})]　　　　　　根据定义 4.12(5)(4)

=[MIT 校领导:{Bob,Bev},

　MIT 校领导的子关系:{副校长[任期:3,办公室:L-201,人:Ben],

校长[任期:2,办公室:L-202,人:Bob]}]

　　　　　　　　　　　　　　　　　　根据定义 4.12(1)

(2) G({[[Tom 所属的校队:女子篮球队,Tom 的工作单位:MIT[学生:Ann[身份:硕士生[

选修课程:高级数据库[分数:90],学号:0301]]],MIT 的教授:Bob],

[Tom 所属的校队:女子篮球队,Tom 的工作单位:MIT[学生:Ann[身份:硕士

生[选修课程:算法设计[分数:88],学号:0301]]],MIT 的教授:Bob],

[Tom 所属的校队:女子篮球队,Tom 的工作单位:MIT[学生:Amy[身份:博士

生[选修课程:高级数据库[分数:95],学号:0501]]],MIT 的教授:Bob]})

=[G({Tom 所属的校队:女子篮球队}),

G({Tom 的工作单位:MIT[学生:Ann[身份:硕士生[选修课程:高级数据库[分数:90],

学号:0301]]],

Tom 的工作单位:MIT[学生:Ann[身份:硕士生[选修课程:算法设计[分数:88],

学号:0301]]],

Tom 的工作单位:MIT[学生:Amy[身份:博士生[选修课程:高级数据库[分数:95],

学号:0501]]]}),

G({MIT 的教授:Bob})]　　　　　　　　　　根据定义 4.12(4)

=[Tom 所属的校队:女子篮球队,　　　　　　　根据定义 4.12(1)

Tom 的工作单位:MIT[G({学生:Ann[身份:硕士生[选修课程:高级数据库[

分数:90],学号:0301]],

学生:Ann[身份:硕士生[选修课程:算法设计[分数:88],

学号:0301]],

学生:Amy[身份:博士生[选修课程:高级数据库[

分数:95],学号:0501]})],

根据定义 4.12(3)(5)(4)

MIT 的教授:Bob]   根据定义 4.12(1)

=[Tom 所属的校队:女子篮球队,

Tom 的工作单位:MIT[学生:{Ann[G({身份:硕士生[选修课程:高级数据库[分数:90],

学号:0301],

身份:硕士生[选修课程:算法设计[分数:88],

学号:0301]})],

Amy[G({身份:博士生[选修课程:高级数据库[分数:95],

学号:0501]})],

根据定义 4.12(3)(5)(4)

MIT 的教授:Bob]

=[Tom 所属的校队:女子篮球队,

Tom 的工作单位:MIT[学生:{Ann[身份:硕士生[

G({选修课程:高级数据库[分数:90],

选修课程:算法设计[分数:88]}),

G({学号:0301})]],

根据定义 4.12(3)(5)(4)

Amy[身份:博士生[选修课程:高级数据库[分数:95],

学号:0501]],根据定义 4.12(1)

MIT 的教授:Bob]

=[Tom 所属的校队:女子篮球队,

Tom 的工作单位:MIT[学生:{Ann[身份:硕士生[

选修课程:{高级数据库[分数:90],

算法设计[分数:88]},

根据定义 4.12(3)(2)

学号:0301]],   根据定义 4.12(1)

Amy[身份:博士生[选修课程:高级数据库[分数:95],

学号:0501]],

MIT 的教授:Bob]

（3）G({Bob[职位:女子篮球队.副教练[开始年份:2005]]})

=Bob[职位:女子篮球队.副教练[开始年份:2005]]   根据定义 4.12(1)

（4）G({MIT[所属的类:私立大学,校领导:Bob/指导研究生:Ann[学号:0301,导师:Bob]],

MIT[所属的类:私立大学,校领导:Bob/指导研究生:Ann[学号:0301,导师:Bev]],

MIT[所属的类:私立大学,校领导:Bob/指导研究生:Ann[学号:0401,导师:Bob]],

MIT[所属的类:私立大学,校领导:Bob/指导研究生:Ann[学号:0401,导师:Bev]],

MIT[所属的类:私立大学,校领导:Bob/指导研究生:Ann[学号:0601,导师:Bob]],

MIT[所属的类:私立大学,校领导:Bob/指导研究生:Ann[学号:0601,导师:Bev]],

MIT[所属的类:私立大学,校领导:Bob/指导研究生:Amy[学号:0501,导师:Bob]]})

=MIT G({[所属的类:私立大学,校领导:Bob/指导研究生:Ann[学号:0301,

导师:Bob]],

[所属的类:私立大学,校领导:Bob/指导研究生:Ann[学号:0301,导师:Bev]],

[所属的类:私立大学,校领导:Bob/指导研究生:Ann[学号:0401,导师:Bob]],

[所属的类:私立大学,校领导:Bob/指导研究生:Ann[学号:0401,导师:Bev]],

[所属的类:私立大学,校领导:Bob/指导研究生:Ann[学号:0601,导师:Bob]],

[所属的类:私立大学,校领导:Bob/指导研究生:Ann[学号:0601,导师:Bev]],

[所属的类:私立大学,校领导:Bob/指导研究生:Amy[学号:0501,导师:Bob]]})

根据定义 4.12(5)

=MIT[G({所属的类:私立大学}),

G({校领导:Bob/指导研究生:Ann[学号:0301,导师:Bob],

校领导:Bob/指导研究生:Ann[学号:0301,导师:Bev],

校领导:Bob/指导研究生:Ann[学号:0401,导师:Bob],

校领导:Bob/指导研究生:Ann[学号:0401,导师:Bev],

校领导:Bob/指导研究生:Ann[学号:0601,导师:Bob],

校领导:Bob/指导研究生:Ann[学号:0601,导师:Bev],

校领导:Bob/指导研究生:Amy[学号:0501,导师:Bob]})]

根据定义 4.12(4)

=MIT[所属的类:私立大学,   根据定义 4.12(1)

校领导:G({Bob/指导研究生:Ann[学号:0301,导师:Bob],

Bob/指导研究生:Ann[学号:0301,导师:Bev],

Bob/指导研究生:Ann[学号:0401,导师:Bob],

Bob/指导研究生:Ann[学号:0401,导师:Bev],

Bob/指导研究生:Ann[学号:0601,导师:Bob],

Bob/指导研究生:Ann[学号:0601,导师:Bev],

Bob/指导研究生:Amy[学号:0501,导师:Bob]})]

根据定义 4.12(3)

=MIT[所属的类:私立大学,

校领导:Bob[G({指导研究生:Ann[学号:0301,导师:Bob],

指导研究生:Ann[学号:0301,导师:Bev],

指导研究生:Ann[学号:0401,导师:Bob],

指导研究生:Ann[学号:0401,导师:Bev],

指导研究生:Ann[学号:0601,导师:Bob],

　　　　　　　　　指导研究生:Ann[学号:0601,导师:Bev],

　　　　　　　　　指导研究生:Amy[学号:0501,导师:Bob]]})]

根据定义 4.12(5)(4)

　　=MIT[所属的类:私立大学,

　　　　校领导:Bob[指导研究生:{Ann[G({学号:0301,学号:0401,学号:0601}),

　　　　　　　　　　　　　　　G({导师:Bob,导师:Bev})],

　　　　　　　　　　　　Amy[G({学号:0501}),

　　　　　　　　　　　　　　G({导师:Bob})]}]]

根据定义 4.12(3)(5)(4)

　　=MIT[所属的类:私立大学,

　　　　校领导:Bob[指导研究生:{Ann[学号:{0301,0401,0601},

　　　　　　　　　　　　导师:{Bob,Bev}],根据定义 4.12(3)(2)

　　　　　　　　　　Amy[学号:0501,导师:Bob]}]]

根据定义 4.12(1)

定义 4.13 （**查询的答案**(answer)） 设 $D=(isa,\Phi,\pi,\mathcal{U})$ 是数据库, $Q=$ query $E_1,\cdots,E_n$ construct C 是查询. 查询 Q 的**答案**(answer)是以下四种情况之一. 当构造项 C 没有给定,若基于 D 对于查询 Q 不存在一个适用替换,则 Q 的答案是假(false);否则, Q 的答案是真(true). 当构造项 C 给定,若基于 D 对于查询 Q 不存在一个适用替换,则 Q 的答案是空(empty);否则, Q 的答案是将其所有的适用替换应用到对应的构造项,再应用分组操作所得到的最后结果.

例 4.12 考虑实例查询例 4.5 中各个示例的答案:

(1)～(4)的答案分别是例 4.11 中构造基项集合的分组操作所得到的结果;

(5)的答案是:

操作系统

(6)的答案是:

假

(7)的答案是

Bob[指导研究生:Ann]

(8)的答案是:

假

模式查询例 4.4 中各个示例的答案是将例 4.6 中的适用替换应用到例4.4中对应模式查询的构造项,再应用分组操作所得到的最后结果。

(1) 的答案是:

[大学校领导的目标类:人,

　校领导的子关系:{副校长[任期:Int,办公室:String,目标类:人],

　　　　　　　　校长[任期:Int,办公室:String,目标类:人]}]

（2）的答案是：

大学[校领导:人[性别:String,年龄:Int],

　　　　开设课程:课程[学分:Int,

　　　　　　　　　　先行课[相关性:String]:课程,

　　　　　　　　　　后续课[相关性:String]:课程,

　　　　　　　　　　开课单位:大学,

　　　　　　　　　　授课者:大学,

　　　　　　　　　　选课者[分数:Int]:学生]]

（3）的答案是：

教师的子类是:{教授[职业:教师[职称:教授[开始年份:Int,讲授课程:课程,

　　　　　　　　　　　　　　　指导研究生:研究生]]],

　　　　　讲师[职业:教师[职称:讲师[开始年份:Int,讲授课程:课程]]]}}

4.4　IQL 的其他功能及创新点

　　本章分析了现有查询语言的特点和存在的问题及设计专门针对 INM 的查询语言的必要性,然后详尽介绍了 INM 的查询语言 IQL,包括其设计思想,语法和形式化语义. 就 IQL 的功能而言,它涵盖了其他查询语言的所有功能. 如路径查询（path query）、上下文语境信息访问查询（context-dependent access query）、全称量词查询（universally quantified query）、否定查询（negative query）、特定类别查询（specific category query）. 同时,IQL 也支持分组（grouping）、聚集计算（aggregation）和排序（order by）.

　　需要特别说明的是,为了降低形式化语义的复杂度,本章前三节选取了 IQL 中最核心,最具特色的部分. 完整的 IQL 语法见附录. 下面的例子是本章前面几节没有涉及到的功能,包括聚集计算,排序,特定类别查询.

（1）query 大学 $x//教授:$y[年龄:$w,//指导研究生:$z/年龄:$u]

　　　construct $x order by count($y)desc,avg($w)/教授:$y order by $w,

　　　　　　count($z)/指导研究生:$z order by $u

它表示找各个大学的教授及其年龄和指导的研究生及研究生的年龄. 显示各个大学及其教授和教授所指导的研究生. 其中,大学按照教授的个数降序显示,在教授个数相等的情况下按教授的平均年龄升序显示;教授按照年龄升序,年龄相等的情况下按照研究生个数的升序显示;研究生按照年龄的升序显示.

（2）query 大学 $x//教授:$y[//讲授课程:$z,//指导研究生:$u//选修课程:$z],

　　　count($z)> 2,count($u)> 10 construct $x/教授:$y

它表示找讲授 2 门以上课程,指导 10 名以上研究生的各个大学的教授,并且

这些教授指导的研究生选修了他所讲授的课程. 显示各个大学及其教授.

(3) query MIT[role $x,校领导:*$y/c-d-i $z,//研究生:*$u/@$w]

    construct MIT[所有的角色关系:$x,校领导:$y/所有上下文语境信息:$z,研究生:$u/

    所有属性:$w]

它表示找 MIT 的所有角色关系,校领导的目标对象及其所有上下文语境信息,研究生的目标对象及其所有属性.

IQL 是一种功能强大的描述性查询语言(declarative query language),其创新点主要体现在以下几个方面:

(1) IQL 由查询和结果构造两部分组成,两者完全分离. 查询部分用于表示想要查找的信息;结果构造部分根据查询部分找到的信息对结果的格式进行定义. 这种简单的框架既无需固定的子句进行复杂的组合和嵌套,又能满足各种查询的需求. 这一特性使得 IQL 结构清晰紧凑,表示简洁自然,易于理解和使用.

(2) IQL 与 INM 及其建模语言的风格高度一致,即直接使用 INM 的类和对象结构来表示查询. 这一特性使得 INM 的整个语言系统表示简洁统一,逻辑一致.

(3) INM 的逻辑结构是有向图,IQL 既能够自然地表示和遍历这种图结构并提取其有意义的结果,又可以利用 INM 中元数据对象独特的语义特征解决"环"的问题.

(4) IQL 中的逻辑变量非常灵活,它可以出现在查询语句的任何位置,而且同一个查询语句中相同的变量出现在不同的位置,它们有相同的值. 出现在查询部分的变量的作用是得到任何想要查找的值;它根据其所在位置按照最大匹配原则绑定到 INM 所支持的任何数据类型或成分. 出现在结果构造部分的变量的作用是生成结果;它根据查询部分变量绑定到的值按照结果构造项定义的格式显示查询结果. 这一特性使得 IQL 更实用灵活.

(5) INM 根据对象的特性,严格地区分了属性、关系、上下文语境信息等. IQL 不区分这些不同的成分,只需要根据其名字就能查找. 这样,有效地降低了用户对模式(schema)熟悉程度的要求,这一特性使得 IQL 更实用.

(6) 在 IQL 的语义方面,将逻辑中存在(exit)的语义作为一种内置(built-in)语义;将逻辑中否定(negation)的语义作为一种内置的不存在(not exists)语义处理. 这样,逻辑上需要用 exit 或 not exist 嵌套才能表示的查询,在 IQL 中能用最精炼的形式表示,从而最大限度地简化了 IQL 的语法. 这一特性使得 IQL 的表示简明扼要,同时又能表达非常丰富的语义.

第 5 章　INM-DBMS 的设计与实现

为了验证 INM 及其建模语言和查询语言在表达和查询非结构数据元数据之间的各种复杂、动态语义方面的强大功能,项目组开发了基于 INM 的数据库管理系统(INM Database Management System,简称 INM-DBMS)原型[123]. 本章将介绍其系统结构和系统设计与实现.

5.1　系　统　结　构

INM-DBMS 是以 INM 作为概念模型所设计的数据库管理系统,它提供了完善的建模语言和查询语言对元数据进行定义、操纵、管理和查询. 从稳定性和通用性的角度考虑,INM-DBMS 采用 Client/Server 构架.

图 5.1 展示了 INM-DBMS 的系统结构,总体上分为客户端和服务器端,共五个模块:应用层、驱动程序、通信层、逻辑层、物理层. 这几个模块之间相互独立,耦合性低,可扩展性强. INM-DBMS 的业务逻辑集中在服务器端处理,显示、接收、发送数据等应用在客户端处理. 服务器端和客户端之间使用数据报文 Socket(SOCK DGRAM)协议进行通信.

- **客户端**　客户端以数据库驱动程序的形式提供给 INMDB 应用程序使用,由应用层和驱动程序两部分组成.

(1) 就目前原型系统已经实现的功能而言,应用层是用 MFC 编写的图形界面,它也可以扩展为如图 5.2 所示的 Web 应用.

(2) 驱动程序由客户端网络传输模块和通信协议封装模块组成. 它将用户在图形界面输入的 ISL,IML,IQL 语句通过通信协议封装模块封装成二进制数据,通过客户端网络传输模块发送给服务器端. 服务器端处理完后,将结果发送回驱动程序由通信协议封装模块再封装成字符串形式的数据,返回给图形界面.

- **服务器端**　服务器端分三层:通信层、逻辑层和物理层.

(1) **通讯层**　负责服务器与客户端的交互,其处理对象是通信协议和封装在其中的 INM 语言中的语句,它由服务器端网络传输模块和通信协议封装模块组成.

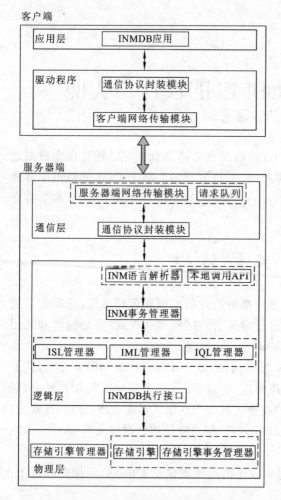

图 5.1　INM-DBMS 系统结构图

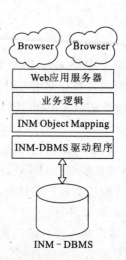

图 5.2　基于 INM-DBMS 的 Web 应用

　　服务器端网络传输模块负责监听客户端的连接请求,连接后分析协议数据从中提取 INM 语言的语句提交给逻辑层,等待逻辑层处理结果并将处理结果返回给客户端,这一过程通过多线程来处理. 为了适应网络的并发性,服务器端网络传输模块中使用具有并发安全特性的队列来保存未执行的连接请求,并按顺序执行队列中的请求.

　　通信协议封装模块负责封装客户端发送过来的 INM 语言请求和逻辑层处理完以后返回的结果. 在逻辑层处理完后,需要将一个复杂结构的 INM 逻辑数据转换成适合在网络上传输的二进制序列,通过服务器网络传输模块将其返回给客户端.

（2）**逻辑层**　负责对按 INM 逻辑数据结构所定义的各种元操作进行处理，它由 INM 语言解析器，INM 事务管理器，三种语言管理器和 INMDB 执行接口组成.

INM 语言解析器是逻辑层的入口，它接收来自通信协议封装模块的文本格式的 INM 语言语句，解析出用户请求指令.

INM 事务管理器负责对用户请求指令进行抽象事务封装，即记录事务的范围. 事务的实现由物理层的存储引擎事务管理器完成，从而保证 INMDB 操作的 ACID[①].

事务管理器封装用户请求指令后，根据其类型提交给三种不同的语言管理器. ISL 管理器负责模式的添加，删除，修改和约束的维护；IML 管理器负责实例的添加、删除、修改；IQL 管理器负责模式和实例的查询.

INMDB 执行接口实现逻辑层和物理层的分离，负责对三种语言管理器的用户请求指令进行数据库操作. 但是真正执行数据库操作的是实现这个接口的物理存储引擎.

（3）**物理层**　负责管理存储引擎，实现数据的物理操作，提供给逻辑层使用. 它由存储引擎管理器，存储引擎和存储引擎事务管理器组成.

存储引擎管理器负责存储引擎的初始化，并将其链接到各个逻辑数据库上，供逻辑层调用. 即将 INM 逻辑数据存储到各自定义的物理存储资源（如文件）上的方法，实现逻辑层的 INMDB 执行接口对数据库操作的所有功能.

存储引擎事务管理器实现逻辑层事务处理到物理层存储引擎对物理存储资源事务处理的映射，达到逻辑层 INM 事务管理器对事务的要求.

5.2　系 统 设 计

5.1 节概要地介绍了 INM-DBMS 的系统结构，本节详细讨论 INM-DBMS 服务器端通信层、逻辑层和物理层各个功能模块的设计.

5.2.1　通信协议的设计

通信协议是指通信双方对数据传送控制的一种约定. INM-DBMS 与客户端的通信过程中，使用 INM 数据封装协议进行交互. 该协议是一个应用层协议，使用 TCP 传输数据. TCP 连接建立后，客户端与服务器的交互传输流程如图 5.3 所示.

INM-DBMS 对数据库的管理全部通过 INM 语言（即 INML）进行，包括 ISL，IML，IQL 实现数据定义，数据操纵和数据查询功能. 由于 INML 比较复杂，客户

---

① 即原子性（atomicity）、一致性（consistency）、独立性（isolation）、持久性（durability）.

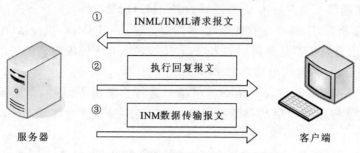

图 5.3　客户端与服务器的交互传输流程

端的驱动程序不解析 INML 语句的功能,故不能对 INML 语句进行任何预处理,而是直接发送 INML 语句本身. 请求报文的任务是封装 INML 语句. 请求报文的结构如图 5.4 所示.

图 5.4　请求报文的结构图

服务器端接收到 INML 指令后解析 INML 语句并执行相应的内容,当完成对应的数据库操作后,服务器返回一个执行回复报文告知客户端执行的结果. 执行回复报文的结构如图 5.5 所示.

当执行 query 命令后,服务器端要将查询到的数据传输给客户端. 在回复报文发送以后,服务器端还要发送一个 INM 数据传输报文,它将 INM 逻辑结构中对象类集合元素和实例集合元素进行封装. INM 数据传输报文结构图如图 5.6 所示.

5.2.2　网络模块的设计

INM-DBMS 的通信层网络模块主要由两部分组成:网络传输模块和请求队列. 网络传输模块负责监听客户端发送的请求以及将数据库执行后的结果发送给客户端. 但网络传输模块并不直接调用数据库相关模块,而是将用户请求发送给请求队列. 用户请求在请求队列中排队,依次发送给数据库逻辑层进行解析和执行.

处理并发问题的时候,一般可以采取多进程或多线程的方式处理. 由于通信层数据通信量大,使用多线程的方式可以减少进程间通信的开销. 线程创建速度比进程快,在处理高并发连接的时候能提高服务器处理请求的性能. 多线程模式中线程之间由于存在共享资源容易出现冲突,但是考虑到通信层处理各步骤独立性很强,只有数据库需要共享,而数据库本身有很强的并发处理机制,所以不需要太

回复类型	结果信息	基本格式
1字节		

01语法错误	错误开始行	错误结束列	错误结束列	错误结束列	服务器返回文本信息长度	服务器返回文本信息
1字节	4字节	4字节	4字节	4字节	4字节	

02 Create DB	1/0(是否成功)	服务器返回文本信息长度	服务器返回文本信息
1字节	1字节	4字节	

03 Use DB	1/0(是否成功)	服务器返回文本信息长度	服务器返回文本信息
1字节	1字节	4字节	

04 Show DB	1/0(是否成功)	服务器返回文本信息长度	服务器返回文本信息
1字节	1字节	4字节	

05 create 命令	1/0(是否成功)	插入的记录数	服务器返回文本信息长度	服务器返回文本信息
1字节	1字节	4字节	4字节	

06 insert命令	1/0(是否成功)	插入的记录数	服务器返回文本信息长度	服务器返回文本信息
1字节	1字节	4字节	4字节	

07 update命令	1/0(是否成功)	服务器返回文本信息长度	服务器返回文本信息
1字节	1字节	4字节	

08 query命令	1/0(是否成功)	查询的记录数	服务器返回文本信息长度	服务器返回文本信息
1字节	1字节	4字节	4字节	

图 5.5 执行回复报文的结构图

INM逻辑数据结构个数（N个）	INM逻辑数据结构1长度	INM逻辑数据结构1类型	INM逻辑数据结构1序列化数据
4字节	4字节	1字节	

INM逻辑数据结构2长度	INM逻辑数据结构2类型	INM逻辑数据结构2序列化数据
4字节	1字节	

INM逻辑数据结构3长度	INM逻辑数据结构3类型	INM逻辑数据结构3序列化数据
4字节	1字节	

⋮

INM逻辑数据结构n长度	INM逻辑数据结构n类型	INM逻辑数据结构n序列化数据
4字节	1字节	

图 5.6 INM 数据传输报文结构图

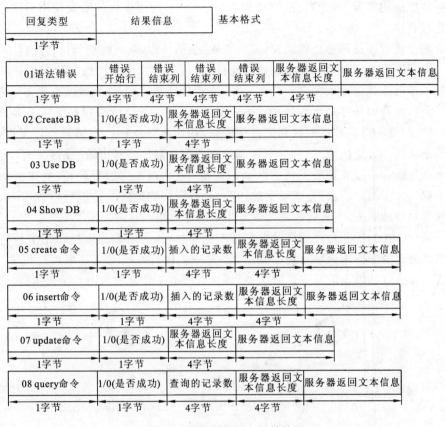

多同步机制的考虑.综上所述,在处理 INM-DBMS 网络模块的时候使用多线程方式比较合适.

整个流程涉及四种处理线程:监听线程、会话线程、队列线程和执行线程.

监听线程的任务是监听服务器的连接端口,当一个用户连接到数据库后为其分配一个会话线程为该客户端提供服务.完成后继续监听,直到数据库服务结束.

会话线程的任务是维持与客户端一个会话.每一个会话线程对应一个客户端的连接,接受客户端发送的数据库指令语句,将其封装为一个 INM 数据库操作,放入请求队列中等待执行.会话线程在客户端与服务器的连接中断后结束.

队列线程的任务是维护请求队列的运行.当队列非空的时候,队列线程从队列中取出一个用户请求,生成一个执行线程,将用户的请求交给该执行线程.队列线程也是持续服务,一直到数据库服务结束时才终止.

执行线程的任务是将用户请求交与数据库执行,等待数据库执行结束后将执行结果通过网络传输模块发送给客户端.每一个执行线程对应一个用户请求.执行线程在执行结果发送完毕后就结束.四个线程的工作流程如图 5.7 所示.

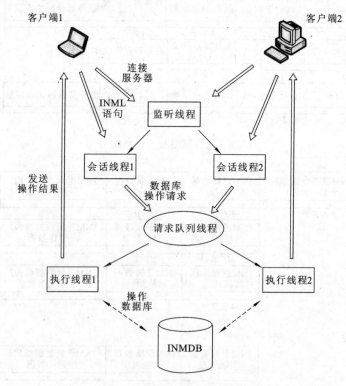

图 5.7 通信层多线程工作流程

5.2.3　逻辑层数据结构的设计

　　逻辑层的数据结构是把 INML 语句转换成 INM 数据库物理表中二进制数据的载体,需要综合考虑 INML 语句和数据库物理表的结构. 由于 INML 以对象类的特性包括其各种属性、关系、上下文语境信息为语句的基本组成单位,数据库物理表存储的一条记录也正是这样一组信息,所以模式的数据结构以对象类的结构为基本的组成元素,其他结构附属于对象类结构. 对象类集合将模式按照对象类进行划分,每一个元素是一个有向无环图. 在这个有向无环图中,节点表示 INM中的对象类和角色关系,有向边表示 INM 中的普通关系、上下文相关关系和上下文关系. 路径从一个对象类节点出发(称为源对象类),并且终结于其他的对象类(称为目标对象类). 所以对象类集合中的每一个元素表示源对象类本身的信息以及该对象类与其他对象类的关联信息. 模式的逻辑结构如图 5.8 所示.

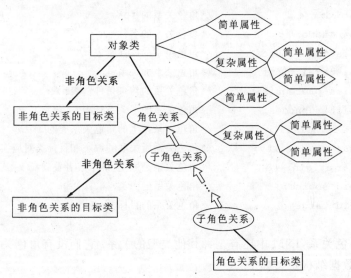

图 5.8　模式的逻辑结构

对象类的数据结构定义如下:

```
struct sch_class_struct
{
    int id;                   /*对象类的 ID*/
    char* name;               /*对象类的名称*/
    GList* attributes;        /*对象类的属性链表*/
    GList* relations;         /*对象类的关系链表*/
    GList* prerequisites;     /*对象类的约束条件链表*/
```

```
        GList* subnodes;              /*对象类的子类链表*/
        GList* context;              /*对象类的上下文链表*/
        GList* path;                 /*类的 path 链表*/
        char type;                   /*对象类的类型,分为两种:main 和 weak*/
        char is_abstr;               /*是否为抽象类*/
        char description;            /*对象类的描述信息*/
        GList* aliasNames;           /*对象类的别名链表*/
    };
```

角色关系表示源类与目标类之间的联系,此外它还会派生同名的角色关系类,其结构中也保存有属性和上下文相关关系来描述角色关系或由角色关系所派生的角色关系类的特性. 角色关系的数据结构定义如下:

```
    struct sch_role_rel_struct
    {
        int id;                      /*角色关系的 ID*/
        char* name;                  /*角色关系的名称*/
        GList* attributes;           /*角色关系的属性链表*/
        GList* relations;            /*角色关系的关系链表*/
        GList* prerequisites;        /*角色关系的约束条件链表*/
        GList* subnodes;             /*角色关系的子关系链表*/
        int rel_class_id;            /*角色关系派生的角色关系类的 ID*/
        char cardinality;            /*角色关系所关联的源类和目标类对应实例的基数*/
        char origin;                 /*角色关系是原生、继承或者重载*/
        void* source;                /*角色关系的源类*/
        void* target;                /*角色关系的目标类*/
    };
```

除了角色关系,INM 中还有三种其他类型的关系. 它们没有角色关系复杂,具有共性,其数据结构定义如下:

```
    struct sch_rel_struct
    {
        int id;                      /*非角色关系的 ID*/
        char* name;                  /*非角色关系的名称*/
        char rel_type;               /*非角色关系的类型*/
        GList* attributes;           /*非角色关系的属性链表*/
        char cardinality;            /*非角色关系所关联的源类和目标类对应实例的基数*/
        GList* prerequisites;        /*非角色关系的约束条件链表*/
        int rely_id;                 /*非角色关系所属类的 ID*/
        char* rely_name;             /*非角色关系所属类的名字*/
```

```
    char origin;              /*非角色关系是原生、继承或者重载*/
    char mul_dim;             /*非角色关系是否用于多维*/
    void* source;             /*非角色关系的源类*/
    void* target;             /*非角色关系的目标类*/
};
```

需要注意的是,角色关系和其他三种关系之所以定义不同的逻辑结构是从节约存储空间的角度考虑的.

在 INM 中,对象类、角色关系及其所派生的角色关系类都有属性.属性分为简单属性和复杂属性两种.简单属性表示简单的属性值,如字符串、数值、枚举值等,其数据结构定义如下:

```
struct sch_simple_attr_struct
{
    int id;                   /*简单属性的 ID*/
    char* name;               /*简单属性的名称*/
    int rely_id;              /*简单属性所属类的 ID*/
    char* rely_name;          /*简单属性所属类的名字*/
    char attr_type;           /*简单属性的类型*/
    char origin;              /*简单属性是原生、继承或者重载*/
    GList* prerequisites;     /*简单属性实例化的约束条件链表*/
    char value_type;          /*简单属性的类型,如字符串,枚举型等*/
    char is_mul_dim;          /*简单属性是否用于多维*/
    GList* emu_type_list;     /*简单属性值的类型,如字符串,数值,枚举型
};
```

复杂属性是简单属性的容器,其值是另外一个简单属性,其数据结构定义如下:

```
struct sch_complex_attr_struct
{
    int id;                   /*复杂属性的 ID*/
    char* name;               /*复杂属性的名称*/
    int rely_id;              /*复杂属性所属类的 ID*/
    char* rely_name;          /*复杂属性所属类的名字*/
    char attr_type;           /*复杂属性的类型*/
    char origin;              /*复杂属性是原生、继承或者重载*/
    GList* prerequisites;     /*复杂属性实例化的约束条件*/
    GList* value;             /*复杂属性所包含的简单属性*/
};
```

实例是模式的实例化,其结构与模式的逻辑结构类似.根据其所属类不同分

为两种:对象类实例和角色关系类实例,它们统称为类实例或对象. 实例中的每一个元素(即对象)的逻辑结构是有向无环图. 在这个有向无环图中,节点表示 INM 中的对象类或角色关系类实例及角色关系实例,有向边表示 INM 中的普通关系、上下文相关关系和上下文关系实例. 路径从一个源类实例出发,经过各种关系终结于目标类实例. 实例的逻辑结构如图 5.9 所示.

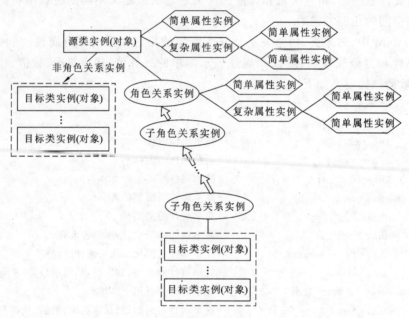

图 5.9　实例的逻辑结构

类实例(对象)的数据结构定义如下:

```
struct in_object_struct
{
    int id;                 /*对象的ID*/
    char*name;              /*对象的名称*/
    GList*shm;              /*对象所属类链表*/
    GList*attributes;       /*对象的属性链表*/
    GList*relations;        /*对象的关系链表*/
    GList*context;          /*对象的上下文链表*/
    GList*path;             /*对象的路径链表*/
    char type;              /*对象的类型,分为对象类实例和角色关系类实例*/
    GList*alias_name;       /*对象的别名链表*/
```

角色关系实例与模式中的角色关系对应,它是角色关系的实例化,其数据结构定义如下:

```
struct in_role_rel_struct
{
    int id;                /*角色关系实例的 ID*/
    char* name;            /*角色关系实例的名称*/
    GList* shm;            /*角色关系实例所属类链表*/
    GList* attributes;     /*角色关系实例的属性链表*/
    GList* relations;      /*角色关系实例的关系链表*/
    GList* Subnodes;       /*角色关系实例的子关系实例*/
    void* source;          /*角色关系实例的源实例*/
    void* target;          /*角色关系实例的目标实例*/
};
```

非角色关系实例与模式中的非角色关系对应,它是非角色关系的实例化,其数据结构定义如下:

```
struct in_non_rel_struct
{
    int id;            /*非角色关系实例的 ID*/
    char* name;        /*非角色关系实例的名称*/
    GList* shm;        /*非角色关系实例所属类链表*/
    char type;         /*非角色关系实例的类型*/
    void* source;      /*非角色关系实例的源实例*/
    void* target;      /*非角色关系实例的目标实例*/
};
```

属性实例描述对象、角色关系实例或非角色关系实例的特性. 根据模式属性实例分为简单属性实例和复杂属性实例. 它们的数据结构如下.

```
struct in_simple_attr_struct
{
    int id;            /*简单属性实例的 ID*/
    char* name;        /*简单属性实例的名称*/
    GList* shm;        /*简单属性实例所属类链表*/
    char type;         /*简单属性实例的类型*/
    GList* value;      /*简单属性实例的值链表*/
};

struct in_complex_attr_struct
```

```
{
    int id;                  /*复杂属性实例的 ID*/
    char*name;               /*复杂属性实例的名称*/
    GList*shm;               /*复杂属性实例所属类链表*/
    char type;               /*复杂属性实例的类型*/
    GList*attributes;        /*复杂属性实例的值链表(若干简单属性)*/
};
```

它们的不同之处在于复杂属性的值由若干个简单属性实例构成.

INM 中除了模式和实例外,还有与继承和成员(membership)关系有关的逻辑数据结构,分别如下所示:

```
struct inheritance_struct
{
    int id;                  /*类的 ID*/
    char*name;               /*类的名称*/
    char type;               /*类的类型*/
    GHashTable*sub_map;      /*类的所有子类集合*/
};
struct instantiation_struct
{
    int id;                  /*类的 ID*/
    char*name;               /*类的名称*/
    GHashTable*instances;    /*类的所有实例集合*/
};
```

INM-DBMS 需要自动地维护互逆关系的一致性,所以将互逆关系作为一种辅助数据结构,它在实例处理过程中起着非常重要的作用. inverse 的数据结构定义如下:

```
struct inverse_struct
{
    exotic_node*inv1;        /*关系 1*/
    exotic_node*inv2;        /*关系 2*/
};
```

5.2.4 数据库元操作

INM-DBMS 对逻辑数据结构需要支持一些基本的操作. 这些操作具有原子性,它们由存储系统(即物理层)提供. 上层 INM 的数据处理所需要的复杂数据库操作通过调用这些原子操作来进行. 根据逻辑层的设计,这些操作通过存储引擎抽象接口映射到物理存储引擎,由物理层存储引擎来实现. 表 5.1～表 5.5 是 INM

数据库提供的原子操作.

表 5.1　模式的原子操作

在对象类集合中添加一条对象类记录

获得对象类集合中的所有记录

在对象类集合中根据类 id 查找对象类记录

在对象类集合中根据类名称查找对象类记录

在对象类集合中根据类别名查找对象类记录

在对象类集合中根据关系 id 查找对象类记录

在对象类集合中根据关系名称查找对象类记录

在对象类集合中根据属性 id 查找对象类记录

在对象类集合中根据属性名称查找对象类记录

在对象类集合中根据对象类 id 删除一条对象类记录

在对象类集合中根据对象类名称删除一条对象类记录

在对象类集合中根据对象类 id 更新一条对象类记录

在对象类集合中根据对象类名称更新一条对象类记录

表 5.2　实例的原子操作

在实例集合中添加一条实例记录

获得实例集合中的所有实例

在实例集合中根据实例 id 查找一条实例记录

在实例集合中根据实例名称查找实例记录

在实例集合中根据实例别名查找实例记录

在实例集合中根据关系 id 查找与之相关的实例集合

在实例集合中根据关系名称查找与之相关的实例集合

在实例集合中根据属性 id 查找与之相关的实例记录

在实例集合中根据属性名称查找与之相关的实例记录

在实例集合中根据对象 id 删除一条实例记录

在实例集合中根据对象名称删除一条实例记录

在实例集合中根据对象 id 更新一条实例记录

在实例集合中根据对象名称更新一条实例记录

表 5.3　继承的原子操作

在继承关系集合中添加一条记录

获得继承关系集合中的所有记录

根据父类 id 获得继承关系记录

根据父类名称获得继承关系记录

根据子类 id 获得继承关系记录

根据子类名称获得继承关系记录

根据父类 id 获得所有子类及孙子类

根据父类名称获得所有子类及孙子类

根据父类 id 删除继承关系中的一条记录

根据父类名称删除继承关系中的一条记录

根据子类 id 删除继承关系中的一条记录

根据子类名称删除继承关系中的一条记录

根据父类 id 更新继承关系中的一条记录

根据父类名称更新继承关系中的一条记录

根据子类 id 更新继承关系中的一条记录

根据子类名称更新继承关系中的一条记录

表 5.4　实例化关系的原子操作

在实例化关系集合中添加一条记录

获得实例化关系集合中的所有记录

根据类 id 查找实例化关系记录

根据类名称查找实例化关系记录

根据实例 id 查找实例化关系记录

根据实例名称查找实例化关系记录

根据类 id 删除实例化关系记录

根据类名称删除实例化关系记录

根据实例 id 删除实例化关系记录

根据实例名称删除实例化关系记录

根据类 id 更新实例化关系记录

根据类名称更新实例化关系记录

根据实例 id 更新实例化关系记录

根据实例名称更新实例化关系记录

表 5.5　**inverse 的原子操作**

在 inverse 集合中添加一条记录
获得 inverse 集合中的所有记录
根据关系 id 查找 inverse 记录
根据关系 id 删除 inverse 记录
根据关系 id 更新 inverse 记录

5.2.5　存储引擎的设计

物理层的存储引擎负责 INM 逻辑数据库的操作. 当数据库初始化的时候由存储引擎管理模块根据 INM 逻辑数据库的配置, 初始化对应的存储引擎, 对 INM 逻辑数据库进行操. 存储引擎关注的是数据存储在物理存储介质上的方法, 如何提高存储性能是设计存储引擎需要考虑的问题. INM-DBMS 使用 BerkeleyDB[124] 实现默认存储引擎.

BerkeleyDB 是一种嵌入式数据库引擎, 不需要独立运行, 作为程序链接库在应用程序中提供数据库服务, 提供高性能的数据存储, 并支持开发事务处理. 它不提供类似 SQL 语言支持, 也不直接提供存储过程、触发器等功能. 与主流的关系数据库相比, 它省去了进程通信、SQL 解析以及 C/S 结构造成的性能损失, 并提供最高 256TB 的数据存储容量, 支持高并发的数据库操作. 此外, 由于 BerkeleyDB 是基于键值进行存储, 以函数的形式嵌入程序代码中, 所以非常适合扩展为更为复杂的数据库应用.

BerkeleyDB 是一种面向程序员的数据库, 因为使用 BerkeleyDB 的应用程序通过进程内 API 访问数据库, 数据库的结构是键值的形式, 不对数据记录的结构进行任何限制, 数据记录结构的设计由 BerkeleyDB 的程序员来完成. 这样提高了 BerkeleyDB 的扩展性, 但是同时也提高了数据库使用的复杂性.

BerkeleyDB 的结构有三个基本概念: 数据库环境 (Environment)、数据库 (Database)、数据库记录 (DBT). 这三种概念的结构示意图如图 5.10.

DBT 是 BerkeleyDB 的最小单位, 表示一个数据库中的数据记录. DBT 结构上由键 (key) 和值 (value) 两部分组成. BerkeleyDB 根据键来对数据记录 DBT 进行读取. Database 是相同逻辑意义的数据库记录的集合. 数据库通过某种数据访问算法将数据库记录存储在磁盘上, 并提供通过 key 进行检索的方法. 在 BerkeleyDB 中提供了四种数据访问算法: B^+ 树、哈希、队列和 Recon.

B^+ 树是一种平衡树, 是 B 树的变形. B^+ 树的结构在数据进行插入删除操作后会动态地调整, 提供 log(n) 时间复杂度的插入、查询和删除.

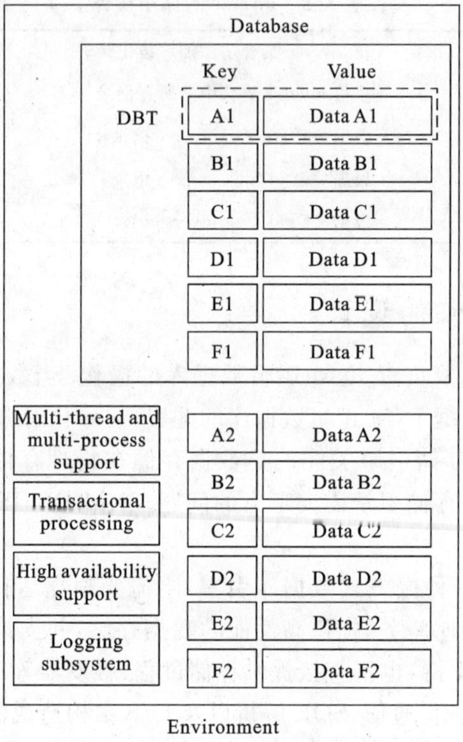

图 5.10　BerkeleyDB 的结构

　　BerkeleyDB 的哈希算法是扩展的线性哈希算法. 它可以动态控制哈希表空间使用率,当哈希表记录数与摘要序列空间大小的比例超过阈值时,会动态地调整摘要序列长度,确保对哈希表的访问性能.

　　如果数据库的操作符合队列的操作,即每次只对队头和队尾的数据进行操作,数据记录使用一个逻辑记录号作为 key,使用队列算法线性存放数据库记录,提供高效的存储效率.

　　Recon 算法和队列类似,数据库记录保存在一个定长的文本文件中,一般作为快速的临时数据库使用.

　　应用程序一般会使用到多个数据库,数据库环境对应用程序使用到的所有数据库集合进行封装,提供对所有数据库共性的维护. BerkeleyDB 中数据库可以单独使用,经过数据库环境封装以后,也能提供并发、事务处理、冗余数据以及日志各方面的支持.

　　BerkeleyDB 的数据库分为两种:主数据库(Primary Database)和二级数据库(Secondary Database). 主数据库和二级数据库的物理结构相同,主数据库存储的是数据记录本身,二级数据库附属于主数据库,为主数据库提供索引. 主数据库为附属的二级数据库提供一个回调函数,称之为 Key Creator,其作用是将主数据库记录的 value 字段转换为二级数据库中对应的索引记录的 key 字段. BerkeleyDB 通过使用这个函数创建索引数据库. 即在二级数据库中,数据记录的 Key 由 Key Creator 回调函数产生,value 字段为主数据库的 key. 由于索引回调函数由用户设计,所以可以非常灵活地对 value 字段构建不同的索引. 图 5.11 是一个主数据库和它的二级数据库的示意图. 主数据库存放人的信息,key 字段是人的 ID,value 字段是姓名. 两个二级数据库的 value 字段对应主数据库中人的 ID,key 字段分别对应姓氏和名称. 这样三个数据库可以提供根据人的 ID、姓名、名称的查询.

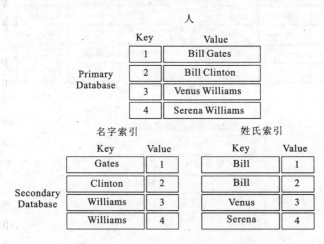

图 5.11　BerkeleyDB 数据库示例图

INM-DBMS 需要支持高复杂度的数据而且对查询的要求比较高. 存储引擎的设计针对这两点需要进行优化. 模式数据库和实例数据库记录涉及到多层次结构的大量不同类型的数据,每一个记录都包含大量 INM 元素. 在实际使用中,查询的条件一般都是基本的元素,例如,对象类或者角色关系类节点等最小结构信息. 这样对记录的查询会触发对各种数据元素的大量查询操作. 如果按照关系数据库范式的要求对数据库进行划分,建立以 INM 原子元素为内容的独立数据库,如:对象类数据表、角色关系类数据表、关系数据表、属性数据表以及各种元素之间的关联数据表等,虽然可以快速地锁定查询条件,但是开销非常大. 在查询过程中,数据库连接操作的次数和最终查询结构图的边数成正比. INM 逻辑数据库的记录是复杂结构的对象,通过查询条件得到最终的结果也需要大量的连接操作来将最小元素组合为最终的复杂数据,而数据库的连接操作是非常耗时的,开销巨大.

聚簇(Cluster)技术[125]通常用来提高处理复杂关系数据的效率. 聚簇的思想

是将相关的数据存储到相邻的物理位置. 由于磁盘存储技术的特点是顺序访问性能远大于随机访问,这样对一系列聚簇的相关数据访问只需要少量 IO,从而达到减少访问时间的目的. 聚簇的关键问题是如何定义数据的相关性. 主流关系型数据库管理系统支持聚簇技术,包括存储的聚簇,聚簇索引等. 例如,Oracle 支持多张相关表的聚簇存储. 图 5.12 所示是 Oracle 中的两张表:公司表和员工表,将其按照 cid 进行聚簇如图下方所示. XML 存储技术中也经常使用聚簇技术[126],将不同的 XML 文档节点按照统一层次[127]或同一路径等相关标识存储到同一个存储块中,以提高读取和查询速度.

公司

cid	cname	address
……	……	……
6	ABC科技	武汉
……	……	……

员工

eid	ename	birthday	cid
11	张三	1980.1.1	6
22	李四	1982.2.2	6
33	王五	1984.4.4	6

关于ABC科技的聚簇记录

6(cid)		
ABC科技		武汉
11	张三	1980.1.1
22	李四	1982.2.2
33	王五	1984.4.4

图 5.12　公司表和员工表按照 cid 聚簇示意图

INM-DBMS 的存储引擎使用聚簇技术将同一个类或对象相关的数据(如属性、关系等)保存在一条记录中,即将类或对象为源节点的有向图整体进行聚簇存储. 此外,对聚簇结构中的各种元素构建索引,对其的查询分为两个步骤:首先定位聚簇数据记录,然后从记录中抽取需要的数据. 与 Oracle 的静态聚簇结构不同的是,INM-DBMS 的聚簇结构中同一个类或对象关联的数据数量和层次结构是动态可变化的.

这种聚簇设计的优势在于整个类或复杂对象中各种相关数据集中地存放在磁盘的同一个区域,且高度相关,这些数据往往同时被请求,故只需要进行少量的块读取就可以将需要的数据读取出来. 如果按照分离存储的方式,虽然数据读取量一样,但是数据分散在磁盘的各个部分,导致磁盘将消耗更多寻道时间来进行查询. 另外从数据库操作角度来看,这种存储方式不需要任何连接操作就可以读取一个类或复杂对象从而减少了存取的 IO 次数和查询的连接次数. 缺点在于对数据库的写入效率较低. 由于大量不同类型的数据都集中存放在少量的记录中,对类或复杂对象中任意部分的修改都将会导致对该数据所在记录的修改,使得大量无关数据一同被读取再修改.

INM 数据库结构的复杂性决定了这种设计的优点大于缺点. 因为 INM 逻辑数据库中的一条记录是一个复杂对象,这个复杂对象中的原子结构数据长度一般不大,但是数量和种类多,关系复杂,分散存放将会使得磁盘寻道时间和数据库连接操作开销非常大. 而复杂对象本身不会特别长,由于磁盘 IO 块操作的特点,极小数据的读取和较小数据的顺序访问时间一般差值很小. 另外虽然复杂对象记录读取以后需要解析才能得到最终的数据,但是由于解析操作是在内存中进行,所以相对于磁盘操作来说也是可以忽略的. 此外,聚簇的存储方式在数据更新方面效率不如传统方式,对复杂对象任意部分的修改会导致对整个对象的重写. 但是由于更新操作主要集中在内存中,IO 写入仍然是顺序写入,所以不会有很大的消耗. INM-DBMS 主要是为了解决复杂信息的处理并且侧重于查询,即 INM-DBMS 适合高读取、低修改的数据库,所以为了尽可能地提高读取性能,即使牺牲部分写入性能也是值得的. 两种设计方式的比较如表 5.6 所示.

表 5.6　传统方式与聚簇方式的比较

	传统设计方式	开销	聚簇设计方式	开销
磁盘 IO	随机访问,总数据量小	大	顺序访问,总数据量大	较大
数据库查询	大量连接	巨大	很少连接	小
内存处理	无	无	对象解析	微小
数据更新	更新量小,效率高	小	更新量大,效率低	大

在对 INM 逻辑数据库的实现中,BerkeleyDB 存储引擎还通过提高冗余度的方式来提高读取性能. 一些常用字段,如类或实例的名称会冗余地存储在多个表中. 例如:类名称在以该类为源类的记录中存放,也在所有引用该类的记录中相应的目标类中存放;类的名称在实例数据库、继承数据库、关系数据库和类实例数据库中都会被存放. 这样存储的目的仍然是对读取进行优化,使得数据的读取只需要最小的 IO 操作和数据库连接操作. 由于现实世界的事物是离散的,数据一般没有特别高的关联度,一个受限领域中与一个 INM 实例相关联的其他实例数量绝大多数情况下可以认为是常数级别,加上冗余字段都是很小的数据,所以总体冗余度是常数级别. 根据磁盘高容量的发展趋势,这一缺点并不会造成过大的硬件设备开销.

按照这种高冗余、高聚簇的设计思想,存储引擎在 BerkeleyDB 环境中设计了六个数据库,分别如表 5.7～表 5.12 所示.

表 5.7　Schema 数据库

Key	Value
源类 ID	类 ID
	类名称
	类的别名集合
	类的类型
	是否抽象类
	类的描述
	类的属性
	类的关系
	类的子类
	类的约束条件集合
	类的上下文集合

表 5.8　Attr-Rel 数据库

Key	Value
属性或关系元素 ID	元素 ID
	元素名称
	元素的类型
	元素的所属类路径

表 5.9　Instance 数据库

Key	Value
源对象 ID	对象 ID
	对象名称
	对象所属类的 ID
	对象所属类的名称
	对象的属性集合
	对象的关系集合
	对象的上下文

表 5.10　Inheritance 数据库

Key	Value
类 ID	类 ID
	类名称
	类的父类 ID
	类的父类名称
	类的父类类型
	类的子类类型
	类的子类集合

表 5.11 Instantiation 数据库

Key	Value
类 ID	类 ID 类名称 类的实例集合

表 5.12 Inverse 数据库

Key	Value
关系 ID	关系 1 的 ID 关系 1 的名称 关系 2 的 ID 关系 2 的名称

根据 5.2.4 小节数据库的元操作,存储引擎提供为主数据库建立二级数据库作为索引的机制. 二级数据库的索引说明如表 5.13 所示.

表 5.13 二级数据库的索引说明

主数据库	二级数据库说明	Key	Value
Schema 数据库	源类名称索引 Schema 数据库按照记录中源对象类名称构建的索引数据库	Schema 数据库中的源类名称	Schema 数据库中的源类 ID
	任意类名称索引 Schema 数据库按照记录中包含的所有 Schema 的类名称构建的索引数据库	Schema 数据库中任意类名称	Schema 数据库中的源类 ID
	任意类 ID 索引 Schema 数据库按照记录中包含的所有 Schema 的类 ID 构建的索引数据库	Schema 数据库中任意类 ID	Schema 数据库中的源类 ID
	任意类别名索引 Schema 数据库按照记录中包含的所有 Schema 的类别名构建的索引数据库	Schema 数据库中任意类别名	Schema 数据库中的源类 ID
Attr-Rel 数据库	任意属性或关系名称索引 Attr-Rel 数据库按照记录中包含的属性或关系名称构建的索引数据库	Attr-Rel 数据库中任意元素名称(即属性或关系名称)	Attr-Rel 数据库中元素(即属性或关系 ID)ID

主数据库	二级数据库说明	Key	Value
Instance 数据库	源对象名称索引 Instance 数据库按照记录中源对象名称构建的索引数据库	Instance 数据库中源对象名称	Instance 数据库中的源对象 ID
	任意对象名称索引 Instance 数据库按照记录中包含的所有实例名称构建的索引数据库	Instance 数据库中任意对象名称	Instance 数据库中的源对象 ID
	任意对象 ID 索引 Instance 数据库按照记录中包含的所有实例 ID 构建的索引数据库	Instance 数据库中任意对象 ID	Instance 数据库中的源对象 ID
	任意对象别名索引 Instance 数据库按照记录中包含的所有实例别名构建的索引数据库	Instance 数据库中任意对象别名	Instance 数据库中的源对象 ID
Inheritance 数据库	父类的名称索引 Inheritance 数据库按照记录中包含的父类的名称构建的索引数据库	Inheritance 数据库中父类名称	Inheritance 数据库中类 ID
	子类的 ID 索引 Inheritance 数据库按照记录中包含的父类的子类 ID 构建的索引数据库	Inheritance 数据库中子类 ID	Inheritance 数据库中类 ID
Instantiation 数据库	类的名称索引 Instantiation 数据库按照记录中包含的类名称构建的索引数据库	Instantiation 数据库中类名称	Instantiation 数据库中类 ID
	实例的 ID 索引 Instantiation 数据库按照记录中包含的类的所有实例的 ID 构建的索引数据库	Instantiation 数据库中实例 ID	Instantiation 数据库中类 ID
	实例的名称索引 Instantiation 数据库按照记录中包含的类的所有实例的名称构建的索引数据库	Instantiation 数据库中实例名称	Instantiation 数据库中类 ID
Inverse 数据库	关系的名称索引 Inverse 数据库按照记录中包含的其中一个关系的名称构建的索引数据库	Inverse 数据库中逆关系名称	Inverse 数据库关系的 ID

存储引擎中数据库的设计与逻辑层数据结构的设计基本对应,5.3.4 小节定义的数据库元操作基本直接对应 BerkeleyDB 的操作.

INM 的数据结构是复杂的结构体,而 BerkeleyDB 中存入是二进制数据,所以将 INM 逻辑数据结构写入 BerkeleyDB 的时候需要一个序列化过程,将复杂结构体转换为二进制序列. 从 BerkeleyDB 中读取数据的时候需要反序列化方法,将二进制序列转换成复杂结构体. 此外,存储引擎的序列化模块也直接被通信层所用.

　　BerkeleyDB 存储引擎设计中设置了六个主数据库,所以相应的也需要六个对应的序列化/反序列化方法.

　　Schema 数据库记录的结构最复杂,每一个 Schema 数据库的记录是一个图结构,在存储的时候先对图进行遍历,同时存储类节点信息. 在存储每一个类节点时,先存储其自身固定字段,如名称、类型等;然后存储别名列表、属性表、关系表以及子类表. 对象类和角色关系类的固定字段略有不同,但是结构基本一致. 类节点序列化结构如图 5.13 所示.

固定字段

ID	Owner ID	Name 的长度	Name	类型	是否抽象类	描述	…

别名字段

别名数	别名1 长度	别名1	别名2 长度	别名2	…

属性表字段

属性数	复杂属性1 固定字段	复杂属性1的 简单属性数	复杂属性1的 简单属性1字段	复杂属性1的 简单属性2字段	…	简单属性1 固定字段	简单属性2 固定字段	…

关系表字段

关系数	关系1的 固定字段	关系1的 目标类ID	关系2的 固定字段	关系2的 目标类ID	…

子类表字段

子类数	子类1 ID	子类1的 名称长度	子类1 的名称	子类2 ID	子类2的 名称长度	子类2 的名称	…

图 5.13　类节点序列化结构图

　　将所有类节点的序列化连接起来就是对整个模式数据库记录的序列化. 对该序列化数据的反序列化则是按照序列化的思想逆向处理,处理的时候将每个类的字段读出来,组合成带别名表、属性表、关系表和子类表的类节点,然后按照类节点关系表字段中的各个关系的目标类 ID 将类节点连接成图结构.

　　Instance 数据库记录的结构和 Schema 数据库类似,因此序列化的算法也类似. Instance 记录的关系与目标实例可能存在不同的基数,如 1:1、1:N、M:N;它还有上下文. 对象节点序列化示意图如图 5.14 所示.

固定字段

ID	Owner ID	Name 的长度	Name	所属类 的 ID	所属类 的 Name	...

别名字段

别名数	别名1 长度	别名1	别名2 长度	别名2	...

属性表字段

属性数	复杂属性1 固定字段	复杂属性1的 简单属性数	复杂属性1的 简单属性1字段	复杂属性1的 简单属性2字段	...	简单属性1 固定字段	简单属性2 固定字段	...

关系表字段

关系数	(1:N)或(M:N) 关系1的固定字段	关系1 目标数	关系1目 标对象1	关系1目 标对象2	...	(1:1)关系2 的固定字段	关系2 目标对象1	...

上下文字段

上下文 节点数	节点1 ID	节点1 Name 长度	节点1 Name	节点2 ID	节点2 Name 长度	节点2 Name	...

图 5.14　对象节点序列化结构图

Attr-Rel、Inheritance、Instantiation 和 Inverse 数据库的结构相对比较简单，它们也按照固定字段和列表型字段分开存储，这里不一一列举．

5.3　系统实现

本节重点讨论 INM-DBMS 服务器端通信层、逻辑层和物理层各个功能模块的实现．

5.3.1　开发和运行环境

INM-DBMS 在 x86 体系的 Linux 主机上开发，在安装 Solaris 10 的 Sparc 服务器上编译运行．本小节介绍开发服务器端和客户端所使用的开发工具和运行环境．

• **服务器端**　INM-DBMS 的服务器端在 Unix/Linux 平台上用 C 语言实现，使用了 GLib(V2.18.4)通用工具库；存储引擎用 BerkerlyDB(V4.7.25)实现，它是 INM-DBMS 最重要的一个程序库；由于 INM-DBMS 用多线程方式提供网络服务，为了提高性能使用了 NPTL(V2.9)线程库．通信层使用了 POSIX 的网络编程．逻辑层的语言解析器使用了 Flex(V2.5)和 Bison(V1.25)两个工具．其中，

Flex 用来构建词法分析器, Bison 用来构建语法语义解析器. 此外, 系统使用开源, 跨平台的编译器 GCC 进行编译, 以有效地提高 INM-DBMS 的跨平台性.

　　• **客户端**　INM-DBMS 定义了一系列网络通信协议, 只要遵循协议, 可以在各种平台上使用各种语言设计客户端. 目前用 Virtual C++实现了一个 C/C++ 的 API 客户端驱动程序, 并分别用 Java 设计了一个基于 MFC 的图形化客户端界面和 JSP Web 客户端对 INMDB 进行图形化操作和显示.

5.3.2　通信层的实现

　　网络处理模块使用 POSIX Thread(简称: Pthread) 多线程 API 实现. Pthread 是 POSIX 的线程标准, 它定义了线程创建与操纵的内部 API. 使用 Pthread 的优点在于跨平台. 对于不同的 Unix/Linux 平台, 操作系统可能使用不同的线程库, 但是使用 Pthread 封装的 API 可以不修改代码就直接使用各种不同类型的线程库.

　　Pthread 创建线程的函数是 pthread_create, 该函数的用法如下:

```
int pthread_create(
    pthread_t*THREAD,
    pthread_attr_t*ATTR,
    void*(*START_ROUTINE)(void*),
    void*ARG
);
```

　　第一个参数是线程的数据结构, 用来表示线程实例, 在线程操纵中能唯一指定特定线程.

　　第二个参数表示要创建线程的属性, 如果设置为 NULL 则表示没有属性.

　　第三个参数表示线程的入口函数. 线程入口函数的返回值必须是 void *.

　　第四个参数是传入线程入口函数的参数.

　　Pthread 同时也提供信号灯控制 API, Pthread 信号量的结构体叫做 pthread_mutex_t.

　　初始化信号灯的函数如下:

```
int pthread_mutex_init(
    pthread_mutex_t*mutex,
    const pthread_mutexattr_t*attr
);
```

　　给一个信号灯上锁: int pthread_mutex_lock(pthread_mutex_t * mutex);

　　试图给信号灯上锁: int pthread_mutex_trylock(pthread_mutex_t * mutex);

　　释放一个信号灯锁: int pthread_mutex_unlock(pthread_mutex_t * mutex);

　　销毁信号灯: int pthread_mutex_destroy(pthread_mutex_t * mutex);

pthread 的信号灯主要提供上锁功能，为了实现请求队列，还需要使用系统信号量. Unix 系统信号量的结构体叫做 sem_t，针对 sem_t 的操作有：

初始化信号量 sem，将信号量设置为 value：

```
int sem_init(sem_t*sem,int pshared,unsigned int value);
```

销毁信号量：

```
int sem_destroy(sem_t*sem);
```

信号量减一，表示取出一个资源：

```
int sem_wait(sem_t*sem);
```

信号量加一，表示放入一个资源：

```
int sem_post(sem_t*sem);
```

在 INM-DBMS 网络处理模块中，使用 sem_t 信号量来表示请求队列中的请求资源. 按照 5.2.2 小节的设计，使用 Pthread 实现四种线程，算法伪代码如下. 由于处理比较复杂，错误处理部分全部省略.

线程启动的时候首先初始化信号量，并启动监听线程和队列线程. 请求队列的最大容量是 1000 个请求.

```
start_INM_listener(){
    /*指令队列信号量,表示是否可以写入指令到队列中*/
    sem_init(&queue_empty,0,1000);
    /*指令队列信号量,表示是否可以读取指令*/
    sem_init(&queue_full,0,0);
    pthread_mutex_init(queue_mtx);
    pthread_create(&listener_thread_id,NULL,(void*)listener_thread,NULL);
    pthread_create (&execute_thread_id, NULL, (void*) execute_thread,
NULL);
    pthread_join(listener_thread_id,NULL);}
```

监听线程启动后首先初始化连接 listener_socket，用一个循环接受客户端的连接，每得到一个客户端连接 client_socket，就启动一个连接线程来处理该连接.

```
void listener_thread(){
    init_lisener();                  /*初始化监听 socket*/
    while(1){                        /*开始监听*/
    client_socket=accept(listener_socket);
    pthread_create(&pid,NULL,        /*创建连接线程来处理连接上 socket*/
                (void*)connect_thread,
                (void*)client_socket);
```

连接线程启动后监听客户端发送过来的 INML 请求报文. 每得到一个请求报文就使用一个 operation 结构封装并添加到请求队列. 如果请求时断开连接则结束线程.

```
void connect_thread(void* client_socket){
    while(1){
        recv(client_socket,CSQL_buf,MAX_MESSAGE_LEN-1,0);
        if(INML 指令是"断开"){
            close(client_socket);
            pthread_exit();
        }
        create_operation(op,CSQL_buf);    /*生成请求结构体*/
        sem_wait(&queue_empty);               /*尝试向请求队列中写入一个节点*/
        pthread_mutex_lock(&queue_mtx);/*锁住临界区*/
        g_queue_push_head(op_queue,op);/*加入到队列*/
        pthread_mutex_unlock(&queue_mtx);/*释放临界区*/
        sem_post(&queue_full);
    }
}
```

队列线程处理请求队列的执行. 每取出一个操作,就启动一个执行线程执行该操作.

```
void queue_thread(void){
  while(1){
        sem_wait(&queue_full);                /*尝试从日志队列中取出日志*/
        pthread_mutex_lock(&queue_mtx);       /*临界区上锁*/
        op=g_queue_pop_tail(op_queue);        /*取出一个指令*/
        /*创建执行线程执行 op 操作*/
        pthread_create(exe_trd,NULL,execute_thread,op);
        pthread_mutex_unlock(&queue_mtx);    /*释放临界区*/
        sem_post(&queue_empty);
    }
}
```

执行线程将请求在数据库中执行,然后将执行回复报文发送给客户端. 如果操作指令是查询操作,还需要将查询结果发送给客户端.

```
void execute_thread(op){
    execute_operation(op);                    /*执行操作*/
    send_reply(op.reply);                     /*发送执行回复报文*/
    if(op.type==QUERY){                       /*如果是 QUERY 指令*/
```

```
        send_results(op.result);     /*还需要传送查询结果*/

    }

}
```

为了方便用户对 INM-DBMS 服务器程序的应用,编写了一个在 Windows 平台运行的基于 MFC 的客户端程序. 客户端程序分为两个部分,INMDB 驱动程序和界面. 驱动程序负责与服务器交互,并提供对应逻辑层数据结构的定义,界面部分使用 MFC 编写,提供图形界面进行服务器的连接,数据库的浏览,INML 语句的输入和结果的显示. 客户端程序使用 Java 语言开发. 与服务器端通信层类似,驱动程序分为两个模块:网络传输模块和通信协议封装模块. 网络传输模块负责网络数据的发送与接收,通信协议封装模块负责将 INML 语句封装为 INM 的网络协议,并且将网络数据中的执行回复报文和 INM 数据传输报文解析为本地数据结构. 由于功能和服务器端类似,通信协议封装模块的代码以及逻辑层数据结构的定义直接从服务器端移植过来,故 windows 客户端程序也需要 Glib 支持.

5.3.3 逻辑层的实现

逻辑层的入口是 INM 语言解析器,协议报文经过通信层的通信协议解析后将 INML 语句提交给逻辑层的解析器进行解析,解析的结果是 ISL、IML 或 IQL 所表示的操作和数据. 由于 INM 语言比较复杂,它的解析是一个十分复杂的过程. 为了减少系统开发过程中词法分析和语法分析的工作量,把主要精力放在语言处理的最重要的部分——语义分析部分,系统使用 Flex 和 Bison 两个工具构建 INM 语言的词法解析器和语法语义分析器[128]. 由于逻辑层的任务是把 INM 语言转化成逻辑层的数据结构,即可直接调用物理层提供的数据库接口进行数据库操作,所以没有中间语言和目标代码的生成.

首先介绍 INM-DBMS 语言解析器的实现,需要注意的是这里所阐述的语言解析器的实现细节对于 INM 模式语言、实例语言和查询语言都是适用的. 解析器由词法分析器和语法语义解析器组成,它们的联系如图 5.15 所示.

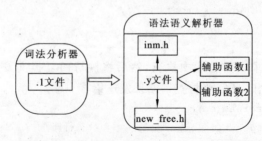

图 5.15 INM 的词法分析器和语法语义分析器

　　词法分析器的任务是定义语法分析用到的终结符,它的输出是语法语义解析器的参数. INM-DBMS 的词法分析器使用 Flex 工具,它以正则表达式形式规定单词的构成,其文件类型的后缀是". l",编译后自动生成". c"文件,默认的文件名为 lex. yy. c. 这个文件包含词法解析时要用到的函数,如 yylex,yyerror,yywrap,yyin 等. 其中,yylex 叫扫描器,它是词法解析的关键. yyin 是词法解析文件的入口; yyerror 用于词法解析的报错;yywrap 的作用是当有多个文件一起输入时,它在 yylex 扫描一个文件后转向另一个文件作为输入文件.

　　以 Schema 的词法解析文件为例,首先按照 Flex 文件的格式要求,把文件内容分成三个部分,每个部分用％％分隔. 第一部分定义宏函数,include 必须的头文件,对局变量进行声明并定义正则表达式. 第二部分是当扫描器扫描到正则表达式所要执行的动作,则在表达式后加动作,这些动作也是扫描匹配要返回的值. 第三部分是用户代码段. 当对一个文件进行词法解析时,首先用 yyin 引入这个输入文件,然后 yylex 根据第一部分定义的规则来分析文件中的字符串,找到规则中的字符串后执行第二部分在各个规则后定义的动作并返回值. 当 yylex 完成一个字符串的扫描而这个字符串不是文件结尾字符时,扫描器自动扫描下一个可以匹配的字符串,直到文件结束. 在匹配过程中可能出现一个字符串可以同时匹配多个正则表达式的情况,这样就要定义正则表达式的优先级,在 Flex 位置越靠前优先级越高. 例如,"normal"它可以匹配两个正则表达式,一个是"normal{printf"find mormal\n",return NORMAL}",一个是字符串的正则表达式([a−zA−Z0＝9]|_)＋,如果把第一种情况放在前面,当文本中出现 normal 时,它优先匹配第一种情况.

　　Bison 是一个生成语法解析程序的工具,其文件类型的后缀是". y". 这个". y"文件既要执行语法分析,又要执行语义分析,如果各种功能的代码都糅合在一起,可读性差而且代码量非常大. 为了提高程序的可读性,降低耦合度,把辅助语义分析的函数写在其他文件中,". y"文件通过 include 头文件来调用这些函数. 因为语法分析器的功能是把 INM 语言转化为逻辑层的数据结构,所以它需要 include 逻辑层数据结构的定义文件 inm. h. 此外,C 语言需要自己对变量进行初始化、分配内存和释放内存,把这些功能的宏和函数都放到 new_free. h 中供". y"文件的调用. 即". y"文件依赖于 inm. h、new_free. h 和辅助函数文件. 需要注意的是语法语义分析器设置了 Bison 中的参数"pure parser",使得语法语义分析器是可重用的,也支持多线程访问.

　　系统的模式、实例和查询语言都采用 BNF 文法规则. 文法规则中必须包括一个开始的非终结符,称之为开始符号. 终结符可以是字符串或标点符号,具有原子性. 非终结符是由一系列的终结符序列构成的中间表达式名字,它是从终结符到开始符号的中间产物,不具有原子性. 开始符号是终结符通过中间非终结符最终归约的结果. 在 Bison 的语法解析文件中,通过命令％ start 指定语法文件的开始符号,否则默认规则的第一个产生式的左边符号为开始符号.

Bison 的语法文件也分为三个部分,每个部分用％％分隔.第一部分包含 Flex 自动生成的 C 语言文件中的 yylex 和 yyerror 函数、头文件、解析用的全局变量声明、语法文件中的终结符和非终结符声明、优先级的声明、非终结符的数据类型声明.第二部分是语法规则,从终结符开始采取自底向上的归约方法为每个非终结符构造其产生式并添加语义动作说明分析器归约到这个产生式所要执行的动作,并将其语义填充到逻辑层定义的数据结构中.第三部分是用户自定义代码段,包括第二部分给产生式添加语义动作所用到的函数及语法分析控制函数,控制函数调用 yyparse 来进行解析处理.

INM-DBMS 逻辑层只需要对事务进行封装,并不实际处理事务.即逻辑层中的事务只是逻辑上的事务,对应的结构体定义如下:

```
struct INM_txn_struct
    {
        int uid;          /*用户 ID*/
        int sid;          /*会话 ID*/
        void*txn;         /*存储引擎的事务结构体*/
    };
```

逻辑层中的事务被映射到对应的存储引擎中,由于不同的存储引擎事务处理的方式各不相同,所以对事务的处理完全延迟到存储引擎中完成. 在 INMDB 执行接口中,除了数据库的操作,还包括事务处理接口:

```
int(*INM_txn_begin)(INM*,INM_txn*);        /*开始事务*/
int(*INM_txn_abort)(INM_txn*);             /*终止事务*/
int(*INM_txn_commit)(INM_txn*);            /*提交事务*/
```

这样对事务的处理就转交给对应的存储引擎完成.

INMDB 执行接口定义在 INM 的逻辑数据结构中,接口的方法全部是函数指针,其结构定义如下. 由于接口函数指针很多,结构体过长,故只节选部分代码.

```
struct INM_struct{
    char*db_name;                    /*数据库名称*/
    int st_engine_type;              /*数据库引擎类型*/
    void*engine;                     /*INM 数据库存储引擎*/
    char*location;                   /*数据库存放地址*/
    /*向 Instance 数据库中写入一个对象*/
    int(*put_inst)(INM*,INM_txn*,in_obj_inst*);
    /*根据实例记录的根结点 id 查找实例记录*/
```

```
int(*get_inst_by_root_id)(INM*,INM_txn*,int,in_obj_inst*);
/*根据实例节点id查找所有包含该节点的实例*/
int(*get_inst_by_id)(INM*,INM_txn*,int,GList**);
/*根据实例节点名称查找所有包含该节点的实例*/
int(*get_inst_by_name)(INM*,INM_txn*,char*,GList**);
/*根据实例记录根结点名称查找所有符合条件的实例*/
int(*get_inst_by_root_name)(INM*,INM_txn*,char*,GList**);
/*根据实例节点的别名查找所有包含该节点的实例*/
int(*get_inst_by_alias_name)(INM*,INM_txn*,char*,GList**);
/*根据id删除实例记录*/
int(*del_inst_by_root_id)(INM*,INM_txn*,int);
int(*req_id)(INM*,int*);                    /*请求一个ID*/
int(*INM_txn_begin)(INM*,INM_txn*); /*开始事务*/
int(*INM_txn_abort)(INM_txn*);              /*终止事务*/
int(*INM_txn_commit)(INM_txn*);             /*提交事务*/
};
```

当打开一个 INM 逻辑数据库时,系统读取配置文件得到该数据库对应的存储引擎并使用这个存储引擎初始化数据库所在的物理资源,然后创建一个 INM_struct 结构,结构中的接口函数指针被赋值为对应存储引擎实现的接口函数,这样逻辑数据库调用对应的接口 API 就会调用存储引擎对数据库对应的操作函数.

例如,在某个 INM 逻辑数据库中,实例化的结构体指针为 INMdb,INM 事务结构体指针为 txn,使用 put_inst 函数存放一个 INM 对象记录 new_obj,调用代码如下:

```
INMdb→put_inst(INMdb,txn,&new_obj)
```

存储引擎信息被完全封装后代码中将不会出现与存储引擎相关的变量和数据. 提高了各层的独立性也降低了其耦合性.

5.3.4　物理层的实现

INM-DBMS 的默认存储引擎使用 BerkeleyDB 来实现. BerkeleyDB 是一个嵌入式的数据库,作为一个函数库链接到应用程序中. INM-DBMS 使用 gcc 编译,通过参数"-ldb"提供对 BerkeleyDB 的支持.

由于需要事务支持,使用 BerkeleyDB 实现 INM 存储引擎,需要创建数据库环境. 在 BerkeleyDBC 语言 API 中,数据库环境是数据结构 DB_ENV. 打开数据库环境需要两个步骤:创建环境结构体和打开环境,对应的函数定义如下:

创建环境结构体:

```
int db_env_create(DB_ENV**dbenvp,u_int32_t flags);
```

打开环境:

```
int DB_ENV→open(DB_ENV* dbenv,char* db_home,u_int32_t flags,int mode);
```

在 DB_ENV→open 函数中,通过设置 flags 可以在打开数据库环境的时候启动数据库子系统. INM－DBMS 的环境设置代码如下:

```
db_env_create(&penv,0);
env_flags=DB_CREATE|DB_INIT_TXN|DB_INIT_LOCK|
          DB_INIT_LOG|DB_INIT_MPOOL;
penv→open(penv,dir,env_flags,0);
```

env_flags 中的几个字段含义如下:

DB_CREATE 表示如果环境不存在则创建;

DB_INIT_TXN 表示启动事务子系统;

DB_INIT_LOCK 表示启动记录锁子系统;

DB_INIT_LOG 表示启动日志子系统;

DB_INIT_MPOOL 表示启动内存缓冲子系统.

数据库创建后,通过数据库环境打开数据库. BerkeleyDD 中数据库结构体名是 DB. 数据库的使用和环境一样,也有两个步骤:创建数据库结构体和打开数据库. 对应函数的定义是:

```
int db_create(DB** dbp,DB_ENV* dbenv,u_int32_t flags);
int DB→open(DB* db,DB_TXN* txnid,const char* file,
            const char* database,DBTYPE type,u_int32_t flags,
            int mode);
```

创建数据库结构体的时候要将数据库环境作为参数传入,这样数据库才能得到环境中事务、日志、记录锁等子系统的支持. 在 DB→open 函数中,file 是数据库对应的文件名,而 database 是该数据库在数据库环境中的逻辑名称. type 是数据库的类型,可以是 BTREE,HASH,QUEUE 和 RECON 四种数据类型. flag 是打开数据库的参数,例如加入 DB_CREATE 后,如果数据库不存在则环境按照指定的类型和名称创建数据库. INM-DBMS 中打开数据库的代码节选如下:

```
int init_db(DB_ENV* penv,DB** ppdb,const char* filename){
DB* pdb;
ret=db_create(&pdb,penv,0);
if(ret!=0){                /* 创建没成功* /
    penv→err(penv,ret,"数据库%s创建失败",filename);
    return EXIT_FAILURED;
}
u_int32_t db_flags=DB_CREATE;
if(ismulti==MULTI){        /*数据库关键字是否可重复*/
    pdb→set_flags(pdb,DB_DUPSORT);
```

```
        }
        ret=pdb→open(pdb,NULL,filename,filename,DB_BTREE,db_flags,0);
        if(ret!=0){                    /*打开失败*/
             penv→err(penv,ret,"数据库%s 打开失败",filename);
             return FAILURED;
        }
        return SUCCESSED;
    }
```

BerkeleyDB 的数据库分为主数据库和索引数据库它们的结构相同,都使用以上函数进行初始化,只是作为索引的二级数据库需要与主数据库关联起来. 关联函数如下:

```
int DB→associate(DB*primary,DB_TXN*txnid,DB*secondary,
                 int(*callback)(DB*secondary,const DBT*key,
                                const DBT*data,DBT*result),
                 u_int32_t flags);
```

这里 primary 和 secondary 分别是主数据库和二级数据库,callback 是创建二级数据库 key 字段的回调函数. 例如,图 5.11 所示的个人信息数据库 person,若按照名字作为索引的二级数据库是 name,将它们关联起来的代码是:

```
person→associate(person,NULL,name,name_keycreator,DB_AUTO_COMMIT);
```

这里 name_keycreator 是回调函数,它的作用在对某一条记录进行操作时,分析主数据库记录里的个人信息并分离出人的名字然后生成或者定位对应的以名字为 key,主数据库 key 为 value 的二级数据库记录. 将二级数据库和主数据库关联起来后,BerkeleyDB 会自动同步维护,用户对主数据库改动的同时,Berkeley DB 会立即同步修改对应的二级数据库. 需要注意的是,二级数据库必须在主数据库关闭之前关闭,否则同步机制会出现错误.

BerkeleyDB 中的数据记录结构是 DBT. DBT 的定义如下:

```
typedef struct{
    void*data;
    u_int32_t size;
    u_int32_t ulen;
    u_int32_t dlen;
    u_int32_t doff;
    u_int32_t flags;
}DBT;
```

其中 data 指针指向记录内容的首地址,size 是内容的长度. 如果数据记录非常大,需要使用部分存储的时候才会用到后面的字段,INM-DBMS 只需要使用 DBT 的最基本用法. 例如向数据库结构体 db 的数据库中存储一条记录 key 为 0,

值为"DBT data"的代码如下：

```
DBT key,data;
memset(&key,0,sizeof(DBT));
memset(&data,0,sizeof(DBT));
key.data="0";
key.size=strlen("0");
data.data="DBT data";
data.size=strlen("DBT data");
db→put(db,txn,key,data,0);
```

在 BerkeleyDB 中获得数据时经常使用到游标. 游标是遍历或查询数据库时记录查询当前位置的结构体，结构体名称是 DBC. 游标结构体由对应的数据库创建，使用 DBC→get 在数据库中进行查询. 当游标定位后，可以对游标指向的数据进行读写操作. INM-DBMS 中 Instance 数据库根据源对象 id 查找记录的代码如下：

```
DBC*pid_cursor;
DBT key,data;
memset(&key,0,sizeof(DBT));
memset(&data,0,sizeof(DBT));
key.data=&id;
key.size=sizeof(int);
inst_db→get(inst_db,txn,&key,&data,0);
```

游标、数据库和数据库环境都有 close 方法，即释放对应的资源. BerkeleyDB 中各种数据结构都需要最后调用 close 方法，保证数据安全地同步到存储设备.

按照 INM 逻辑数据库的设计，使用 BerkeleyDB 创建六个主数据库：schm_db（Schema 数据库）、inst_db（Instance 数据库），rel_db（Attr-Rel 数据库），ihrt_db（Inheritance 数据库）、istt_db（Instantiation 数据库）和 inv_db（Inverse 数据库）. 这些数据库分别有若干二级数据库提供对逻辑数据结构中 Key 字段的索引. init_INM_bdb_storage 函数的作用是初始化各个数据库并设置二级数据库和主数据库的关联. 下面是模式数据库和它的几个二级数据库的初始化部分代码：

```
init_db(bdb_eng→env,&bdb_eng→schm_db,"schm_db.db",SINGLE);
init_db(bdb_eng→env,&bdb_eng→schm_sdb_name,
        "schm_sdb_name.db",MULTI);        /*sch_sdb_name索引表*/
bdb_eng→schm_db→associate(bdb_eng→schm_db,NULL,
                          bdb_eng→schm_sdb_name,
                          schm_sdb_name_keycreator,
                          DB_AUTO_COMMIT);
init_db(bdb_eng→env,&bdb_eng→schm_sdb_rname,
        "schm_sdb_root_name.db",MULTI);/*schm_sdb_rname索引表*/
```

```
bdb_eng→schm_db→associate(bdb_eng→schm_db,NULL,
                          bdb_eng→schm_sdb_rname,
                          schm_sdb_root_name_keycreator,
                          DB_AUTO_COMMIT);
init_db(bdb_eng→env,&bdb_eng→schm_sdb_aname,
        "schm_sdb_alias_name.db",MULTI);        /*schm_sdb_name*/
bdb_eng→schm_db→associate(bdb_eng→schm_db,NULL,
                          bdb_eng→schm_sdb_aname,
                          schm_sdb_alias_name_keycreator,
                          DB_AUTO_COMMIT);
init_db(bdb_eng→env,&bdb_eng→schm_sdb_id,"schm_sdb_id.db",MULTI);
bdb_eng→schm_db→associate(bdb_eng→schm_db,NULL,
                          bdb_eng→schm_sdb_id,
                          schm_sdb_id_keycreator,
                          DB_AUTO_COMMIT);
```

上述 schm_sdb_name_keycreator, schm_sdb_root_name_keycreator, schm_sdb_alias_name_keycreator, schm_sdb_alias_name_keycreator 和 schm_sdb_id_keycreator 都是创建相应二级数据库 key 字段的回调函数,它们根据 Schema 数据库中对象类记录,解析其中的有向无环图结构,按照设计的要求分别分离出各自需要索引的字段来指导数据库系统创建二级数据库. 下面是根据源对象类名称建立索引的回调函数.

```
int schm_sdb_root_name_keycreator(DB*pdb,const DBT*pkey,
    const DBT*pdata,DBT*skey){
    sch_obj_class*schm;
    new_sch_obj_class(schm);
    char*shmname;
    int len;
    dbt_to_schm(pdata,schm);
    skey→flags=DB_DBT_APPMALLOC;
    len=strlen(schm→name)+1;
    shmname=(char*)malloc(len);
    strcpy(shmname,schm→name);
    skey→data=shmname;
    skey→size=len;
    g_hash_table_destroy(schm→sch_hash);
    free_sch_obj_class(schm);
    return o;
}
```

回调函数通过反序列化函数 dbt_to_schm 将主数据库记录中的二进制数据转换为逻辑层数据结构的对象类结构,取出源对象类的名称,存入二级数据库的 key 字段的变量 skey 中. 由于 skey 的数据字段 data 是通过动态内存分配得到的,所以在它的 flags 字段需要设置 DB_DBT_APPMALLOC 让 BDB 系统完成二级数据库同步后自动释放该内存空间.

由于 INM-DBMS 需要支持并发数据存储,所以 BerkeleyDB 存储引擎使用记录锁子系统和事务子系统来支持并发处理.

首先 BerkeleyDB 环境需要启动事务子系统. BerkeleyDB 操作中的 DB_TXN 类型对使用到该事务的操作进行记录. 事务处理过程中,未提交但修改过的数据被标记为脏数据,直到事务提交以后数据才会被同步. 若事务未完成被终止,则事务处理过的操作都会被回滚. BerkeleyDB 中使用 txn_begin、txn_commit 和 txn_abort 三个函数来对事务进行操作.

```
int DB_ENV→txn_begin(DB_ENV* env,DB_TXN* parent,DB_TXN** tid,
                     u_int32_t flags);
int DB_TXN→commit(DB_TXN* tid,u_int32_t flags);
int DB_TXN→abort(DB_TXN* tid);
```

使用这三个方法可以实现 INMDB 执行接口对事务的处理.

由于数据库处理中大量使用了游标,游标对数据库的读写操作是非瞬时性的,所以需要对游标的锁进行设置. BerkeleyDB 数据记录有两种锁:读锁和写锁. 读游标在创建的时候会被分配一个读锁,直到游标关闭该读锁才会被释放. 没有使用游标的 DB→get 方法在执行前也会被分配一个读锁,完成后释放. 读锁不会互相影响,所以在并发处理的时候多个线程的多个读游标可以同时打开,同时执行 DB→get 方法. 当游标需要写入数据时,设置游标为写游标并将标记设置为 DB_WRITECURSOR. DB→put 方法在执行阶段也会被分配一个写锁,同一个数据库同一个时间只有一个写游标,当第二个写游标需要创建时将被阻塞,直到第一个写游标释放才能继续. 在写游标存在的同时,使用读锁的游标和操作不受影响,也可以分配写游标但是写游标的写操作或 DB→put 方法会被读锁阻塞,直到所有读游标结束才能进行. BerkeleyDB 实现存储引擎时,要减少游标的嵌套使用,并且尽量减少游标的打开时间,在游标无用时尽早关闭游标.

按照 5.2.5 小节对六个主数据库序列化的设计,在用 BerkeleyDB 实现序列化时使用两个字符数组缓冲区工具 ByteBuffer 和 ByteReader 完成变长字符串的处理,减少对内存分配操作数量. ByteBuffer 维护一个由大内存块链表组成的字符串缓冲区,提供写入各种基本数据的功能,如整数、字节、字符串等. 由于内存块比较大,只有当总容量不够时会分配新的内存块到缓冲区,所以可以大大减少内存分配的次数. ByteReader 提供从一个序列化的字符串中提取出各种基本数据的功能. 使用这两个工具可以很方便地进行序列化和反序列化.

第6章　INM 的应用

我们对教育机构、政府部门、科研机构、科研项目、论文、学术会议、电影、音乐及其奖项等领域非结构数据的元数据进行了全面深入的调查研究,并对它们用 INM 建模. 需要说明的是第二、三、四章对大学建模,但是重点是对模型、建模语言和查询语言进行形式化,所以在不失特色的前提下对完整的 INM 进行了简化只保留了其最核心、最具特色的内容,已经实现的原型系统中功能更加完善. 本章选择"DBLP"和"电影多媒体"两个典型的领域全面地展示如何用 INM 建模及它们在 INM-DBMS 中的应用,对于其他领域的建模可以推而广之.

6.1　DBLP 的 应 用

DBLP(全称 Digital Bibliography & Library Project)[①]是计算机领域比较权威的个人出版物数据库,由德国特里尔大学的 Michael Ley 等负责开发和维护. 它收录了计算机领域比较权威的出版物,包括书籍、期刊和会议论文. 其中,期刊从 SCI,EI 中挑选收录;会议文章根据会议的权威性从 IEEE CS,ACM,Springer 等挑选收录. 它提供这些文献的搜索服务,但只储存它们的元数据,如标题、作者、发表日期等. 它使用 XML 存储元数据.

通过对 DBLP 中元数据语义的分析,发现它只考虑论文的基本元数据如标题、作者、发表日期、所在的会议论文集、所在的期刊号等,忽略了与论文相关的其他对象如:学术会议、年度学术会议、期刊等的元数据语义. 此外,它主要提供按作者名字和论文题目的查询功能.

6.1.1　模式的定义

本节抽象出 DBLP 中的论文、会议、年度会议、年度会议论文集、期刊、期刊卷、期刊号等对象的元数据信息并用 INM 建模.

(1) 出版物可以特化为会议论文、期刊论文、书籍、技术报告;它们都有共同的属

---

① http://www.informatik.uni-trier.de/~ley/db/.

性"关键字"、"摘要";角色关系"作者";普通关系"被引用的论文". 模式定义如下：

```
create class publication subsume{ConferencePaper,
                                  JournalPaper
                                  EditBook,
                                  TechnicalReport}[

    @keywords *:String,
    @Abstracts:Text,
    Author(inverse as)(M:N)→{
        "First Author",
        "SecondAuthor",
        "Third Author",
        "FourthAuthor",
        "Fifth Author",
        "Sixth Author"}(inverse as):Person(inverse publications),
    normal citedBy(M:N):publication(inverse references)]
```

会议论文除了上述出版物的特性,还有属性"页码"和"主题",模式定义如下：

```
create class ConferencePaper[
    @pages:Int-Int,
    @subject:String]
```

期刊论文除了上述出版物的特性,还有属性"页码"、"投稿日期"、"修改日期"、"被录取日期"、"网上可下载时间",模式定义如下：

```
create class JournalPaper[
    @pages:Int-Int,
    @received:Date,
    @revised:Date,
    @accepted:Date,
    @availableOnline:Date]
```

（2）学术会议有属性"网站"和"开始年份",普通关系"主题"并包含若干"年度会议",模式定义如下：

```
create class Conference[
    @website:URL,
    @startYear:Int,
    normal subject(M:N):Subject(inverse conferences),
    contain "annual conferences"*:AnnualConference(inverse of)]
```

（3）年度会议有属性"网站"、"全名"、"年份"、"重要日期"包括"摘要提交期限"、"论文提交期限"、"Workshop 提交期限"、"Tutorial 提交期限"、"论文录取通知期限"、"作者注册期限"、"论文最后版本提交期限"、"会议时间";它还包括四个普通关系,分别是:"论文集"、"开会地点"、"主题"和"新闻". 此外,年度会议与各种各样的人相关,如:Keynote Speaker、组委会人员、程序委员会人员、赞助商等,它们都作为角色关系. 模式定义如下:

```
create class AnnualConference[
    @ website:URL,
    @ fullTitle:String,
    @ year:Int,
    @ "ImportantDate" * :[
        @ "Abstract Submission Deadline":Date,
        @ "Paper Submission Deadline":Date,
        @ "Workshop Date":Date,
        @ "Tutorial Date":Date,
        @ "Acceptance Notice":Date,
        @ "Author Registration Deadline":Date,
        @ "Camera Ready Copy":Date,
        @ "Conference Date":Date-Date],
    normal proceedings * :AnnualConferenceProceeding(inverse InAnnualConference),
    normal location(M:N):Region(inverse AcademicConference),
    normal topics(M:N):AnnualConferenceTopic(inverse AsTopicOf),
    normal news * :AnnualConferenceNews(inverse NewsIn),
    "Keynote Speaker"[role-based topic(inverse by):KeynoteTopic]
                    (inverse as)* :Person(inverse InvitedBy),
    "Organizing Committee"(inverse as)(M:N)→{
        "Honorary General Chair",
        "General Chair",
        "Advisory Committee",
        "Steering Committee Liaison",
        "Workshop Chair",
        "Workshops Proceedings Chair",
        "Tutorial Chair",
        "Seminar Chair",
        "Panel Chair",
        "Demo Chair",
        "Poster Chair",
        "Doctoral Consortium Co-Chair",
        "Industrial Co-Chairs",
```

```
        "Forum Chair",
        "Local Organizer "→{
            "Local Chair",
            "Organization Chair",
            "Local Financial Chair",
            Treasurer,
            "Finance Arrangement Chair",
            "Registration Arrangement Chair",
            "Local Arrangement Chair",
            "Local Organizing Committee",
            "Local Arrangement"},
        "Publication Chair",
        "Publicity" →{"Publicity Chair",Webmaster},
        "Sponsorship Chair",
        "Entertainment Chair",
        "Best Paper Committee Co-Chairs"}(inverse as)(M:N):Person(inverse serves),
    "Program Committee"(inverse as)(M:N)→{
        "Program Chair"(inverse as)(M:N)→{
            "Technical Program Chair",
            "Industrial Program Chair"},
        "Program Vice-Chair",
        "Program Committee Board",
        "Program Committee Member"→{
            "Program Committee-Industrial and application papers",
            "Program Committee-demonstrations",
            "Program Committee-main conference"},
        "Area Chair" →{"Asian Liaison","Canadian Liaison"},
        "Demonstration Track Committee Member"
        "Industry Track Committee Member",
        "Industry Track Chair",}(inverse as)(M:N):Person(inverse serves),
    Sponsors(inverse as)(M:N)→{
        "Gold Sponsor",
        "Platnum Sponsor",
        "Silver Sponson",
        "Bronze Sponsor",
        "Co-Sponsor",
        "Local Sponsor",
        Organizer,Supporter,
```

```
    Cooperator}(inverse as)(M:N):Organizations(inverse organizes)
]
```

（4）年度会议论文集有属性"全称"、"书名"、"卷"、"出版年份"、"ISBN 号"；一般关系"出版商"、"序列号"、"论文"；角角色关系"编辑".

```
create class AnnualConferenceProceeding[
    @fullTitle:String,
    @bookTitle:String,
    @volume:Int,
    @year:Int,
    @isbn:String,
    normal publisher(M:N):Press(inverse published),
    normal series(M:N):Series(inverse contains),
    normal papers*:ConferencePaper(inverse InProceedings),
    Editor(inverse as)(M:N):Person(inverse "Edits Conference Proceeding")
]
```

（5）期刊有属性"网站"、"建刊时间"、"地址"等；普通关系"出版社"和"卷"；此外，期刊还有编委会并且有各种各样的的人，如主编、副主编等. 模式定义如下：

```
create class Journal[
    @website:URL,
    @printIssn:String,
    @webIssn:String,
    @established:Int,
    @associatedTitles*:String,
    @address:String,
    @phone:String,
    @fax:String,
    @email:String,
    normal publisher(M:N):Press(inverse published),
    normal volumes*:Volume(inverse InJournal),
    "Editorial Board Staff"[
        role-based(@startDate:Date,
                   @endDate:Date,
                   @phone:String,
                   @fax:String,
                   @email:String,
                   @website:URL,
                   @affiliation:String,
```

```
                    "affiliation Country"(N:1):Country
                    (inverse"Journal Editorial Board Staff"))](inverse as)(M:N)→{
    "Editors in Chief",
    "Associate Editors",
    "Contact Associate Editors",
    "Assistant Editors",
    "Managing Editor",
    "Technical Editor",
    "Deputy Managing Editor",
    Editors,
    "Assistant to the Editor-in-Chief",
    "Information Director",
    "Deputy Information Director",
    "Publication Board Chair",
    Publisher,
    "Assistant Publisher",
    "Publishing Council",
    "Director of Publications",
    "Editorial Board",
    "Editorial Advisory Board",
    "Board of Advisors"}(inverse as)(M:N):Person(inverse serves)]
```

期刊的卷有属性"年份"和普通关系"期刊号",模式定义如下:

```
create class Volume[
  @year:String,
  normal issues*:Issue(inverse InJournalVolume )]
```

期刊号有属性"月份"和普通关系"论文"及"编辑",模式定义如下:

```
create class Issue[
  @month:String,
  normal papers*:JournalPaper(inverse InJournalIssue),
  normal editedBy(M:N):"Editorial Board Staff"(inverse "Edits JournalIssue")]
```

6.1.2 模式的语义

(1) 6.1.1小节所有模式的定义按照它们的出现顺序生成如下子类定义:

```
ConferencePaper isa publication
JournalPaper isa publication
EditBook isa publication
TechnicalReport isa publication
```

```
Author isa Person
"First Author" isa Author
"Second Author" isa Author
"Third Author" isa Author
"Fourth Author" isa Author
"Fifth Author" isa Author
"Sixth Author" isa Author
"Keynote Speaker" isa Person
"Organizing Committee" isa Person
"Honorary General Chair" isa "Organizing Committee"
"General Chair" isa "Organizing Committee"
"Advisory Committee" isa "Organizing Committee"
"Steering Committee Liaison" isa "Organizing Committee"
"Workshop Chair" isa "Organizing Committee"
"Workshops Proceedings Chair" isa "Organizing Committee"
"Tutorial Chair" isa "Organizing Committee"
"Seminar Chair" isa "Organizing Committee"
"Panel Chair" isa "Organizing Committee"
"Demo Chair" isa "Organizing Committee"
"Poster Chair" isa "Organizing Committee"
"Doctoral Consortium Co-Chair" isa "Organizing Committee"
"Industrial Co-Chairs" isa "Organizing Committee"
"Forum Chair" isa "Organizing Committee"
"Local Organizer" isa "Organizing Committee"
"Local Chair" isa "Local Organizer"
"Organization Chair" isa "Local Organizer"
"Local Financial Chair" isa "Local Organizer"
Treasurer isa "Local Organizer"
"Finance Arrangement Chair" isa "Local Organizer"
"Registration Arrangement Chair" isa "Local Organizer"
"Local Arrangement Chair" isa "Local Organizer"
"Local Organizing Committee" isa "Local Organizer"
"Local Arrangement" isa "Local Organizer"
"Publication Chair" isa "Organizing Committee"
"Publicity" isa "Organizing Committee"
"Publicity Chair" isa "Publicity"
Webmaster isa "Publicity"
```

"Sponsorship Chair" isa "Organizing Committee"

"Entertainment Chair" isa "Organizing Committee"

"Best Paper Committee Co-Chairs" isa "Organizing Committee"

"Program Committee" isa Person

"Program Chair" isa "Program Committee"

"Technical Program Chair" isa "Program Chair"

"Industrial Program Chair" isa "Program Chair"

"Program Vice-Chair "isa" Program Committee"

"Program Committee Board" isa "Program Committee"

"Program Committee Member" isa "Program Committee"

"Program Committee-Industrial and application papers" isa "Program Committee Member"

"Program Committee-demonstrations" isa "Program Committee Member"

"Program Committee-main conference" isa "Program Committee Member"

"Area Chair" isa "Program Committee"

"Asian Liaison" isa "Area Chair"

"Canadian Liaison" isa "Area Chair"

"Industry Track Chair" isa "Program Committee"

"Industry Track Committee Member" isa "Program Committee"

"Demonstration Track Committee Member" isa "Program Committee"

Sponsors isa Organizations

"Gold Sponsor" isa Sponsors

"Platnum Sponsor" isa Sponsors

"Silver Sponson" isa Sponsors

"Bronze Sponsor" isa Sponsors

"Co-Sponsor" isa Sponsors

"Local Sponsor" isa Sponsors

Organizer isa Sponsors

Supporter isa Sponsors

Cooperator isa Sponsors

Editor isa Person

"Editorial Board Staff" isa Person

"Editors in Chief" isa "Editorial Board Staff"

"Associate Editors" isa "Editorial Board Staff"

"Contact Associate Editors" isa "Editorial Board Staff"

"Assistant Editors" isa "Editorial Board Staff"

"Managing Editor" isa "Editorial Board Staff"

"Technical Editor" isa "Editorial Board Staff"

"Deputy Managing Editor" isa "Editorial Board Staff"

Editors isa "Editorial Board Staff"

"Assistant to the Editor-in-Chief" isa "Editorial Board Staff"

"Information Director" isa "Editorial Board Staff"

"Deputy Information Director" isa "Editorial Board Staff"

"Publication Board Chair" isa "Editorial Board Staff"

Publisher isa "Editorial Board Staff"

"Assistant Publisher" isa "Editorial Board Staff"

"Publishing Council" isa "Editorial Board Staff"

"Director of Publications" isa "Editorial Board Staff"

"Editorial Board" isa "Editorial Board Staff"

"Editorial Advisory Board" isa "Editorial Board Staff"

"Board of Advisors" isa "Editorial Board Staff"

（2）按照第三章所述 INM 建模语言的语义，6.1.1 小节对象类 publication 的定义如下：

```
class publication[
    @keywords *:String,
    @Abstracts:Text,
    Author *→{
        "First Author",
        "SecondAuthor",
        "Third Author",
        "FourthAuthor",
        "Fifth Author",
        "Sixth Author"}:Person,
    normal citedBy *:publication,
    normal references *:publication]
```

publication 中的角色关系"Author"所派生的同名的角色关系类的定义如下：

```
class Author[
    context publications:publication[as:Author]]
```

Author 的子关系"First Author"、"Second Author"等派生的角色关系类的定义如下：

```
class "First Author" [
    context publications:publication[as:"First Author"]]
class "Second Author" [
    context publications:publication[as:"Second Author"]]
class "Third Author" [
```

```
    context publications:publication[as:"Third Author"]]
class "Fourth Author" [
    context publications:publication[as:"Fourth Author"]]
class "Fifth Author" [
    context publications:publication[as:"Fifth Author"]]
class "Sixth Author"[
    context publications:publication[as:"Sixth Author"]]
```

ConferencePaper、JournalPaper、EditBook 和 TechnicalReport 继承 publication 的所有属性和关系. 此外,因为 ConferencePaper 和 JournalPaper 还定义了其他属性和关系,所以它们的定义如下:

```
class ConferencePaper[
    @keywords * :String,
    @Abstracts:Text,
    Author *→{
      "First Author",
      "SecondAuthor",
      "Third Author",
      "FourthAuthor",
      "Fifth Author",
      "Sixth Author"}:Person,
    normal citedBy * :publication,
    normal references * :publication,
    @pages:Int-Int,
    @subject:String]
class JournalPaper[
    @keywords * :String,
    @Abstracts:Text,
    Author *→{
      "First Author",
      "SecondAuthor",
      "Third Author",
      "FourthAuthor",
      "Fifth Author",
      "Sixth Author"}:Person,
    normal citedBy * :publication,
    normal references* :publication,
    @pages:Int-Int,
```

```
    @received:Date,
    @revised:Date,
    @accepted:Date,
    @availableOnline:Date]
class EditBook[
    @keywords *:String,
    @Abstracts:Text,
    Author *→{
      "First Author",
      "SecondAuthor",
      "Third Author",
      "FourthAuthor",
      "Fifth Author",
      "Sixth Author"}:Person,
    normal citedBy *:publication,
    normal references*:publication]
class TechnicalReport[
    @keywords *:String,
    @Abstracts:Text,
    Author *→{
      "First Author",
      "SecondAuthor",
      "Third Author",
      "FourthAuthor",
      "Fifth Author",
      "Sixth Author"}:Person,
    normal citedBy *:publication,
    normal references *:publication]
```

（3）6.1.1 小节对象类 Conference 生成的定义如下：

```
class Conference[
    @website:URL,
    @startYear:Int,
    normal subject*:Subject,
    contain "annual conferences"*:AnnualConference]
```

Conference 定义中的关系生成如下逆关系定义：

```
class Subject[
    normal conferences *:Conference]
```

```
class AnnualConference[
  normal of:Conference]
```

（4）6.1.1 小节对象类 AnnualConference 生成的定义如下：

```
class AnnualConference[
  @website:URL,
  @fullTitle:String,
  @year:Int,
  @"ImportantDate" *:[
      @"Abstract Submission Deadline":Date,
      @"Paper Submission Deadline":Date,
      @"Workshop Date":Date,
      @"Tutorial Date":Date,
      @"Acceptance Notice":Date,
      @"Author Registration Deadline":Date,
      @"Camera Ready Copy":Date,
      @"Conference Date":Date-Date],
  normal proceedings *:AnnualConferenceProceeding,
  normal location *:Region,
  normal topics *:AnnualConferenceTopic,
  normal news * :AnnualConferenceNews,
  normal of:Conference,
  "Keynote Speaker" *:Person,
  "Organizing Committee"→{
      "Honorary General Chair",
      "General Chair",
      "Advisory Committee",
      "Steering Committee Liaison",
      "Workshop Chair",
      "Workshops Proceedings Chair",
      "Tutorial Chair",
      "Seminar Chair",
      "Panel Chair",
      "Demo Chair",
      "Poster Chair",
      "Doctoral Consortium Co-Chair",
      "Industrial Co-Chairs",
      "Forum Chair",
```

```
    "Local Organizer"→{
        "Local Chair",
        "Organization Chair",
        "Local Financial Chair",
        Treasurer,
        "Finance Arrangement Chair",
        "Registration Arrangement Chair",
        "Local Arrangement Chair",
        "Local Organizing Committee",
        "Local Arrangement"},
    "Publication Chair",
    "Publicity"→{"Publicity Chair",Webmaster},
    "Sponsorship Chair",
    "Entertainment Chair",
    "Best Paper Committee Co-Chairs"}*:Person,
 "Program Committee"→{
    "Program Chair"→{"Technical Program Chair",
                     "Industrial Program Chair"},
    "Program Vice-Chair",
    "Program Committee Board",
    "Program Committee Member"→{
       "Program Committee- Industrial and application papers",
       "Program Committee-demonstrations",
       "Program Committee- main conference"},
    "Area Chair"→{"Asian Liaison","Canadian Liaison"},
    "Industry Track Chair",
    "Industry Track Committee Member",
    "Demonstration Track Committee Member"}:Person,
 Sponsors→{
    "Gold Sponsor",
    "Platnum Sponsor",
    "Silver Sponson",
    "Bronze Sponsor",
    "Co-Sponsor",
    "Local Sponsor",
    Organizer,
    Supporter,Cooperator}:Organizations]
```
AnnualConference 的定义中四个普通关系生成如下逆关系定义：

```
class AnnualConferenceProceedings[
    normal InAnnualConference:AnnualConference]
class Region[
    normal AcademicConference * :AnnualConference]
class AnnualConferenceTopic[
    normal AsTopicOf * :AnnualConference]
class AnnualConferenceNews[
    normal NewsIn:AnnualConference]
```

AnnualConference 定义中的角色关系派生的角色关系类的定义包括：

```
class "Keynote Speaker"[
  context InvitedBy:AnnualConference[as:"Keynote Speaker"[
    role-based topic:KeynoteTopic]]
class "Organizing Committee"[
  context serves:AnnualConference[as:"Organizing Committee"]]
class "Program Committee"[
  context serves:AnnualConference[as:"Program Committee"]]
class Sponsors[
  context organizes:AnnualConference[as:Sponsors]]
```

此外，由于"Organizing Committee"、"Program Committee"、Sponsors 的子关系派生的角色关系类的定义分别与它们类似，这里不再赘述.

角色关系"Keynote Speaker"的上下文相关关系"topic"的逆关系生成如下定义：

```
class KeynoteTopic[normal by:"Keynote Speaker"]
```

(5) 6.1.1 小节中对象类 AnnualConferenceProceeding 生成如下定义：

```
class AnnualConferenceProceeding[
  @fullTitle:String,
  @bookTitle:String,
  @volume:Int,
  @year:Int,
  @isbn:String,
  normal publisher * :Press
  normal series * :Series,
  normal papers * :ConferencePaper,
  normal InAnnualConference:AnnualConference,
  Editor * :Person]
```

AnnualConferenceProceeding 的定义中三个普通关系生成如下逆关系定义：

```
class Press[
```

```
    normal published * :AnnualConferenceProceeding]
class Series[
    normal contains * :AnnualConferenceProceeding]
class ConferencePaper[
    @ keywords * :String,
    @ Abstracts:Text,
    Author * → {
        "First Author","SecondAuthor",
        "Third Author","FourthAuthor",
        "Fifth Author","Sixth Author"}:Person,
    normal citedBy * :publication,
    normal reference * :publication,
    @ pages:Int-Int,
    @ subject:String,
    normal InProceedings:AnnualConferenceProceeding]
```

AnnualConferenceProceeding 定义中的角色关系 Editor 派生的角色关系类的定义是:

```
class Editor[
    context "Edits Conference Proceeding":AnnualConferenceProceeding[as:Editor]]
```

(6) 6.1.1 小节中对象类 Journal 生成如下定义:

```
create class Journal[
    @ website:URL,
    @ printIssn:String,
    @ webIssn:String,
    @ established:Int,
    @ associatedTitles * :String,
    @ address:String,
    @ phone:String,
    @ fax:String,
    @ email:String,
    normal publisher * :Press,
    normal volumes * :Volume,
    "Editorial Board Staff" → {
        "Editors in Chief","Associate Editors","Contact Associate Editors",
        "Assistant Editors","Managing Editor","Technical Editor",
        "Deputy Managing Editor",
        Editors,
```

```
    "Assistant to the Editor-in-Chief",
    "Information Director",
    "Deputy Information Director",
    "Publication Board Chair",
    Publisher,
    "Assistant Publisher",
    "Publishing Council",
    "Director of Publications",
    "Editorial Board",
    "Editorial Advisory Board",
    "Board of Advisors"}:Person]
```
Journal 的定义中两个普通关系生成如下逆关系定义：
```
class Press[normal published*:Journal]
class Volume[normal InJournal:Journal]
```
Journal 定义中的角色关系派生的角色关系类的定义包括：
```
class "Editorial Board Staff"[
    context servers:Journal[as:"Editorial Board Staff"[
    role-based(
        @startDate:Date,
        @endDate:Date,
        @phone:String,
        @fax:String,
        @email:String,
        @website:URL,
        @affiliation:String,
        "affiliation Country":Country)]]
```
Journal 定义中角色关系"Editorial Board Staff"的子关系所派生的角色关系类的定义与之类似. 此外, 角色关系"Editorial Board Staff"上定义的上下文相关关系"affiliation Country"的逆关系生成如下定义：
```
class Country[
    normal"Journal Editorial Board Staff"*:"Editorial Board Staff"]
```
在考虑 6.1.1 小节中对象类 Volume 和 Issue 各自普通关系生成逆关系的情况下, 它们生成如下定义：
```
class Volume[
    @year:String,
    normal issues *:Issue,
    normal InJournal:Journal]
```

```
class Issue[
   @month:String,
   normal papers *:JournalPaper,
   normal editedBy *:"Editorial Board Staff",
   normal InJournalVolume:Volume]
class JournalPaper[
   @keywords *:String;
   @Abstracts:Text,
   Author *→{
      "First Author",
      "SecondAuthor",
      "Third Author",
      "FourthAuthor",
      "Fifth Author",
      "Sixth Author"}:Person,
   normal citedBy * :publication,
   @pages:Int-Int,
   @received:Date,
   @revised:Date,
   @accepted:Date,
   @availableOnline:Date,
   normal InJournalIssue:Issue]
 class "Editorial Board Staff"[
   context servers:Journal[as:"Editorial Board Staff"[
      role-based(
         @startDate:Date,
         @endDate:Date,
         @phone:String,
         @fax:String,
         @email:String,
         @website:URL,
         @affiliation:String,
         "affiliation Country":Country,
         "Edits JournalIssue"*:Issue)]]
```

6.1.3 实例

根据 6.1.1 小节模式的定义所产生的如 6.1.2 小节所示的类,以下是符合模式的实例：

（1）学术会议、年度学术会议、年度学术会议论文集、会议论文的实例：

```
Conference ER alias "International Conference on Conceptual Modeling"[
    @website:"http://www.er.byu.edu/",
    @startYear:1979,
    contain "annual conferences":{"ER 2010","ER 2009","ER 2008","ER 2007",
                                "ER 2006","ER 2005","ER 2004","ER 2003"}];
AnnualConference" ER 2009"[
    location:Gramado,
    @"ImportantDate":[
        @"Abstract Submission Deadline":2009-4-10,
        @"Paper Submission Deadline":2009-4-13,
        @"Workshop Date":2008-12-15,
        @"Tutorial Date":2009-6-29,
        @"Acceptance Notice":2009-6-15,
        @"Author Registration Deadline":2009-7-20
        @"Camera Ready Copy":2009-7-6,
        @"Conference Date":2009-11-9-2009-11-12],
    "Keynote Speaker":{"Antonio L.Furtado",
                    "John Mylopoulos",
                    "Laura Haas",
                    "Divesh Srivastava",
                    "Paul Nielsen"},
    "Program Committee" →{
        "Program Chair":{"Alberto Laender",
                        "Silvana Castano",
                        "Umeshwar Dayal"},
        "Industry Track Chair":"Fabio Casati"},
    "Organizing Committee" →{
        "Panel Chair":"David W.Embley",
        "Tutorial Chair":{"Daniel Schwabe",
                        "Stephen W.Liddle"}
        "Local Organizer" →"Local Chair":"JosÂ Valdeni de Lima"},
    of:ER,
    proceedings:"Proceedings of ER 2009"]


AnnualConferenceProceeding"Proceedings of ER 2009"[
```

```
@fullTitle:"28th International Conference onConceptual Modeling",
@year:2009,
@volume:5829,
@isbn:"978-3-642-04839-5",
@bookTitle:"ER",
publisher:Springer,
series:"Lecture Notes in Computer Science",
papers:{"Information Networking Model"},
Editor:{"Alberto H.F.Laender",
        "Silvana Castano",
        "Umeshwar Dayal",
        "Fabio Casati",
        "Jose Palazzo Moreira de Oliveira"}]


ConferencePaper "Information Networking Model"[
    @keywords:{"information modeling",
               "semantic data model",
               "complex relationships",
               "context-dependent representation"},
    @Abstracts: "Real world objects are essentially networked through various...",
    Author →{"First Author":"Mengchi Liu",
             "Second Author":"Jie Hu"},
    InProceedings: "Proceedings of ER 2009",
    @pages:131-144]


AnnualConference "ER 2004"[
    location:Shanghai,
    of:ER,
    proceedings:{"Proceedings of ER 2004"}]


AnnualConferenceProceeding "Proceedings of ER 2004"[
    @fullTitle:"23rd International Conference on Conceptual Modeling",
    @year:2004,
    @volume:3288,
    @isbn:"3-540-23723-2",
    @bookTitle:"ER",
```

```
        publisher:Springer,
        series:"Lecture Notes in Computer Science",
        papers:{"Merging of XML Document"},
        Editor:{"Paolo Atzeni",
                "Wesley W.Chu",
                "Hongjun Lu",
                "Shuigeng Zhou",
                "Tok Wang Ling"}]


ConferencePaper "Merging of XML Document"[
    @Abstracts:"Supporting for updating XML documents has recently...",
    Author→{"First Author":"Wanxia Wei",
            "Second Author":"Mengchi Liu",
            "Third Author":"Shijun Li"],
    InProceedings:"Proceedings of ER 2004",
    @pages:273-285]
```

(2)期刊、期刊卷、期刊号、期刊论文的实例：

```
Journal "ACM Computing Surveys" alias CSUR[
    @website:"http://surveys.acm.org/",
    publisher:"ACM,the Association for Computing Machinery",
    "Editorial Board Staff"→{
        "Editors in Chief":"Chris Hankin",
        "Associate Editors":{"Lorenzo Alvisi",
                            "Chandrajit Bajaj",
                            "Chatschik Bisdikian",
                            "Mainak Chaudhuri",
                            "Jonathan Grudin",
                            "Michael Huth",
                            "Valérie Issarny",
                            "Kin Leung",
                            "Rainer Lienhart",
                            "Pasquale Malacaria",
                            "Luís Moniz Pereira",
                            "Paul Purdom",
                            "Louiqa Raschid",
                            "Ken Salem",
```

```
                    "Pierangela Samarati",
                    "Mubarak Shah",
                    "Scott F.Smith",
                    "Neeraj Suri",
                    "Carlos A.Varela",
                    "Peter Widmayer",
                    "Peter Wegner",
                    "Marvin Israel"},
        "Information Director":"Carlos A.Varela",
        "Director of Publications":"Bernard Rous"},
      volumes:{"ACM Computing Surveys Volume 31"}]


Volume "ACM Computing Surveys Volume 31"[
  @year:1999,
  issues:{"ACM Computing Surveys Volume31 Issue 1"},
  InJournal:"ACM Computing Surveys"]


Issue "ACM Computing Surveys Volume 31 Issue 1"[
  @month:March,
  papers:{"Deductive Database Languages:Problems and Solutions",
          "Active Database Systems"},
  InJournalVolume:"ACM Computing Surveys Volume 31",
  editedBy:{"Peter Wegner",
            "Marvin Israel"}]


JournalPaper "Deductive Database Languages:Problems and Solutions"[
  @Abstracts:"Deductive databases result from the integration of relational...",
  @keywords:{"Deductive databases",
             "Logic programming",
             "nested relational databases",
             "complex object databases",
             "inheritance",
             "object-oriented databases"}
  Author →"First Author":"Mengchi Liu",
  @pages:27- 62,
  citedBy:{"Fuzzy Querying in Intelligent Information Systems",
           "Linear tabling strategies and optimizations",
```

```
"A data model for XML databases",
"A Data Model for XML Databases",
"XML Declarative Description:A Language for the Semantic Web",
"Extending Datalog with Declarative Updates",
"Modeling and querying fuzzy spatiotemporal databases",
"Advanced query language for manipulating complex entities",
"Database query languages and functional logic programming",
"Multidimensional data model and query language for informetrics",
"IFOOD:An Intelligent Fuzzy Object-Oriented Database Architecture",
"OLOG:A Deductive Object Database Language",
"Derived types in semantic association discovery",
"Logic Programming Languages for the Internet"},
InJournalIssue:"ACM Computing Surveys Volume 31 Issue 1"]
```

(3) 各种人的典型实例:

```
"Keynote Speaker" "Antonio L.Furtado"[
    InvitedBy:"ER 2009"[as:"Keynote Speaker"[
        topic:"A Frame Manipulation Algebra for ER Logical Stage Modelling"]]]


"Program Chair" "Alberto Laender"[
    serves:"ER 2009"[as:"Program Chair"]]


Editor "Alberto H.F.Laender"[
  "Edits Conference Proceeding":"Proceedings of ER 2009"[as:Editor ]]


{"First Author","Second Author"} "Mengchi Liu"[
    publications:{"Information Networking Model"[as:"First Author"],
                "Merging of XML Document"[as:"Second Author"],
                "Deductive Database Languages:Problems and Solutions"[
                    as:"First Author"]]}]
"Associate Editors" "Peter Wegner"[
    serves:"ACM Computing Surveys"[as:"Associate Editors"[
        @phone:"+44-1-632-7400",
        @email:"widmayer@info.ethz.ch",
        @affiliation:"Theoretische Informatik",
        "Research Interests":{Algorithms,"Data Structures"},
        "Edits JournalIssue":"ACM Computing Surveys Volume31 Issue 1"]]]
```

6.1.4　查询

DBLP 提供按作者名字和论文题目的关键字搜索功能和按会议、期刊、书籍、主题的导航浏览功能,这两者可以用 IQL 非常简洁、自然地表示. 以下是三个典型的例子:

(1) 找作者名是 Mengchi Liu 的所有论文,显示论文的所有信息

```
query "Mengchi Liu"//publications:$x construct $x[]
```

(2) 找论文题目是 Information Networking Model 的论文,显示论文的所有信息

```
query $x="Information Networking Model" construct $x[]
```

(3) ER 会议的每一届会议的论文

```
query ER/"annual conferences":$x/proceedings:$y/papers:$z construct $x/$y/$z
```

此外,IQL 还可以表示语义关系更复杂的查询,其中大多数查询在 DBLP 中无法通过以上两种方式搜索得到. 以下是按功能划分的典型例子:

(1) 程序委员会主席有" Alberto Laender" 的年度国际会议的 Keynote Speaker、组织委员会成员、会议论文集的编辑和所有论文的作者和页码.

```
query AnnualConference $x[//"Program Chair":"Alberto Laender","Keynote Speaker":
    $y,"Organizing Committee": *  $z, proceedings:$t[Editor:$u, papers:$w
    [Author:*$p,pages:$g]]] construct $x["Keynote Speaker":$y,"Organizing
    Committee":$z,proceedings:$t[Editor:$u,papers:$w[Author:$p,pages:$g]]
```

(2) 找 Mengchi Liu 发表的期刊论文的作者、编辑、发表年份、月份、出版社和引用了这些论文的作者、编辑、发表年份、月份、出版社.

```
query "Mengchi Liu"/publications:ConferencePaper $x[Author:*$y,InJournalIssue:
    $z[editedBy:$w,month:$u,InJournalVolume:$t[year:$v,InJournal:$r/
    publisher:$q]],citedBy:$a[Author:*$b,InJournalIssue:$c[editedBy:$d,
    month:$e,InJournalVolume:$f[year:$g,InJournal:$h/publisher:$i]]]]
    construct $x[Author:$y,Editor:$w,year:$v,month:$u,publisher:$q,
    citedBy:$a[Author:$b,Editor:$d,year:$g,month:$e,publisher:$i]]
```

(3) 分别找所有会议论文的作者和页码及其所在的会议论文集、会议及出版的年份;所有期刊论文的作者和页码及其刊号、卷号和出版年份. 论文的输出按照出版的年份升序输出.

```
query ConferencePaper $x[Author:*$y,pages:$z,InProceedings:$w[
    InAnnualConference:$u, year: $t]], JournalPaper $f [Author: * $g,
    pages:$h,
```

```
     InJournalIssue:$i/InJournalVolume:$j/year:$k]
construct $x order by $t[$y,$z,$u,$t],$f order by $k[$g,$h,$i,$k]
```

（4）找 Mengchi Liu 作为第一作者发表的论文的合著者发表的其他论文.

```
query " Mengchi Liu"/publication: $x [as:" Frist  Author ", Author: * $y/
     publication:$z,
$y≠"Mengchi Liu",$x≠$z construct $y/publication:$z[]
```

（5）某个人以第一作者在某届年度学术会议上发表了论文，找以第二作者在同一届年度学术会议上发表过论文的人；分别显示他们各自发表的论文及年度会议.

```
query $x/publication:$y[as:"First Author",InProceedings:$w/InAnnualConference:
     $u],$a/publication:$b[as:"Second Author",InProceedings:$c/InAnnualConference:
     $u]construct $x/publication:$y/InAnnualConference:$u,$a/publication:$b
```

（6）找满足以下三个条件的人：以第一作者发表过至少 20 篇期刊论文；被邀请当过年度学术会议的 Keynote Speaker；曾在他当过 Keynote Speaker 的年度学术会议所属的会议的任意届年度会议上发表过论文.

```
query $x [publication:JournalPaper $y/as:"First Author", InvitedBy:$z/as:"
     KeynoteSpeaker"], count ($y) > 20, $z/of: $w/" Annual  Conferences": $u/
     proceedings:$t/papers:$v/Author:*$x construct $x
```

（7）找满足如下条件的两种人：他/她们在同一种期刊不同期刊号上发表过论文；第一个人发表的论文总数比第二个人要多 10 篇. 显示每一个人及其发表的论文和期刊号.

```
query $x/publications:$y/InJournalIssue:$z/InJournalVolumn:$w/InJournal:$u,
     $a/publications: $b/InJournalIssue: $c/InJournalVolumn: $d/InJournal:
     $u, $x≠$a,$z≠$c,$x/publications:$t,$a/publications:$e,
     count($t)-count($e) > 10   construct $x/publications:$y/InJournalIssue:
     $z,$a/publications:$b/InJournalIssue:$c
```

（8）找是否有人没有以第一作者发表过任何期刊论文.

```
query not $x/publication:JournalPaper $y/as:"First Author"
```

（9）找满足如下条件的人：他/她以第一作者发表的每一篇期刊论文都被引用 10 次以上.

```
query (foreach $y in Person * $x/publications:JournalPaper $y/as:"First
     Author")($y//citedBy:$z,count($z)> 10) construct $x
```

6.2　电影多媒体的应用

互联网电影数据库(Internet Movie Database,简称 IMDB)[①]是包含电影,电视节目,视频游戏,电影制作小组,电影电视的各种演职人员,出现在各种媒体中的虚拟人物等的在线数据库,它是目前全球互联网最大的电影资料库.

6.2.1　模式的定义

本节抽象出 IMDB 中与电影相关的元数据用 INM 建模. IMDB 中的电影有代表性、核心的元数据主要包括:流派、片长、对白语言、影片音轨、屏幕的高宽比、剧情简介、国家地区、制作公司、出品公司、协作公司、发行公司,电影相关的图片如剧照、海报,电影相关的视频如预告片、片花、花絮,原声歌曲,电影的各种演职人员如导演、演员、编剧、制作人、配乐师、摄影师等. 其中,前 11 项基本信息用属性或普通关系表示,其他几项既可以看作关系又可以看作角色,所以作为角色关系. 电影定义如下:

```
create class 电影 [
    @流派 :{犯罪片,剧情片,爱情片,战争片,喜剧片,科幻片,恐怖片,动画片,动作片 },
    @片长 :Int,
    @对白语言 :String,
    @影片音轨 :String,
    @屏幕高宽比 :String,
    @剧情简介 :Text,
    normal 国家地区 :地区 (inverse 电影 ),
    normal 制作公司 (M:N):制片公司 (inverse 制作的电影 ),
    normal 出品公司 (M:N):出品公司 (inverse 出品的电影 ),
    normal 协作公司 [@协作方面 :String](M:N):协作公司 (inverse 协作的电影 ),
    normal 发行公司 [@发行时间 :Date,
                    @发行地点 :String,
                    @发行媒介 :{DVD,广播,光盘,剧场,录像带 }]
                (M:N):发行公司 (inverse 发行的电影 ),
    图片 [role-based 角色 (M:N):电影角色 (inverse 相关图片 )]→{
        剧照,
        海报 }*:图像 (inverse 所属电影 ),
```

---

① Imdb. Http://www.imdb.com/.

非正片视频*→{预告片,片花,花絮}*:视频(inverse 所属电影),

原声歌曲:歌曲(inverse 所在电影),

导演(inverse 作为):人(inverse 电影列表),

演员[role-based 扮演角色(inverse 扮演者)(M:N):电影角色](inverse 作为)*→{

    男主角,

    女主角,

    男配角,

    女配角}(inverse 作为)*:人(电影列表),

编剧(inverse 作为)*→{

    原创剧本作者,

    改编剧本作者}(inverse 作为)*:人(inverse 电影列表),

制片人(inverse 作为)*:人(电影列表),

配乐师(inverse 作为)*:人(电影列表),

摄影师(inverse 作为)*:人(电影列表),

剪辑师(inverse 作为)*:人(电影列表),

音响组人员(inverse 作为)*→{

    音响设计师,

    音响剪辑监制,

    音响调音师,

    音响重录调音师}(inverse 作为)*:人(inverse 电影列表)]

    电影中,普通关系国家地区的目标类是地区,地区是一个抽象类它可以有子类,如"国家"、"州"、"省"、"城市"等. 大地区与小地区之间有 contain 关系,如国家 contain 州和省,而州和省分别 contain 城市. 原型系统中,contain 关系是一种不同于普通关系、角色关系、上下文相关关系和上下文关系的新关系. 它具有的特点是:大地区隐含地包含小地区下的信息. 例如:如果"台湾"有电影 A,因为"中国 contain 台湾",所以"中国"也隐含地有电影"A". 如果要找所有中国的电影,除了要找到中国直接包含的电影,还要找出中国 contain 的子地区及其子地区 contain 的子地区所包含的电影,这是一个递归的过程. 与地区相关的类定义如下:

```
create abstract class 地区 subsume{国家,州,省,城市}[
    @人口:Int,
    @面积:Int];
create class 国家[
    contain 州(inverse 所属国家)*:州,
    contain 省(inverse 所属国家)*:省,
    contain 城市(inverse 所属国家)*:城市];
create class 州[
```

```
    contain 城市 (inverse 所属城市)*:城市];
create class 省[
    contain 城市 (inverse 所属省)*:城市];
```

电影中,角色关系层次"图片→{剧照,海报}"和"非正片视频→{预告片,片花,花絮}"的目标类分别是"图像"和"视频",它们都是多媒体.与多媒体相关的类定义如下:

```
create class 多媒体 subsume{图像,视频}[
    @数据大小:Int,
    @数据创建日期:Date,
    @数据最近修改日期:Date]
create class 图像[
    @图像格式:{JPG,GIF,BMP,PNG,TIFF,SVG,EPS},
    @颜色:{彩色,黑白}]]
create class 视频[
    @时长:Int,
    @视频格式:{RMVB,RM,AVI,DV,DVD,MPG,SWF},
    @纵横比:String]
```

电影中,角色关系原声歌曲的目标类是歌曲,歌曲定义为

```
create class 歌曲[
    作曲者 (inverse 作为)*:人 (inverse 歌曲列表),
    作词者 (inverse 作为)*:人 (inverse 歌曲列表),
    演唱者 (inverse 作为)*:人 (inverse 歌曲列表)]
```

电影的所有演职人员的目标类都是人,人定义为

```
create class 人[
    @出生日期:Date,
    @性别:String,
    normal 出生地:地区]
```

与电影相关的奖项定义为

```
create class 电影奖[
    @媒体类型:String,
    @开始年份:Int,
    @官方网站:String]
```

IMDB中年度电影奖名目众多,每一种年度电影奖设立的奖项不尽相同,而且有些奖项虽然名称相同但是颁发给不同的演职人员,所以先抽取出各种不同年度电影奖相同的部分,将其定义为"年度电影奖":

```
create class 年度电影奖 subsume {年度奥斯卡金像奖,年度土星奖,年度金球奖}[
```

@举办时间:Date,

normal 举办地点 (N:1):剧院|酒店 (inverse 承办),

主持人 (M:N):人 (inverse 主持的节目),

最佳导演→{

　　最佳导演获得者 (inverse 奖项),

　　最佳导演提名者 (inverse 提名)}*:导演 (inverse 获得),

最佳男主角→{

　　最佳男主角获得者 (inverse 奖项),

　　最佳男主角提名者 (inverse 提名)}*:男主角 (inverse 获得),

最佳女主角→{

　　最佳女主角 (inverse 奖项),

　　最佳女主角提名者 (inverse 提名)}*:女主角 (inverse 获得),

最佳改编剧本→{

　　最佳改编剧本获得者 (inverse 奖项),

　　最佳改编剧本提名者 (inverse 提名)}*:改编剧本作者 (inverse 获得),

最佳摄影→{

　　最佳摄影获得者 (inverse 奖项),

　　最佳摄影提名者 (inverse 提名)}*:摄影师 (inverse 获得),

最佳音响→{

　　最佳音响获得者 (inverse 奖项),

　　最佳音响提名者 (inverse 提名)}*:音响调音师|音响重录调音师 (inverse 获得),

最佳剪辑→{

　　最佳剪辑获得者 (inverse 奖项),

　　最佳剪辑提名者 (inverse 提名)}*:剪辑师 (inverse 获得),

最佳音响剪辑→{

　　最佳音响剪辑获得者 (inverse 奖项),

　　最佳音响剪辑提名者 (inverse 提名)}*:音响设计师|音响剪辑监制 (inverse 获得),

最佳原声歌曲→{

　　最佳原声歌曲获得者 (inverse 奖项),

　　最佳原声歌曲提名者 (inverse 提名)}*:曲作者|词作者 (inverse 获得),

最佳配乐→{

　　最佳配乐获得者 (inverse 奖项),

　　最佳配乐提名者 (inverse 提名)}*:配乐师 (inverse 获得)]

　　各种不同的年度电影奖可能有自身的特点,以比较著名的三个年度电影奖:年度奥斯卡金项奖、年度土星奖和年度金球奖为例,它们定义如下:

create class 年度奥斯卡金项奖 [

最佳影片→{

　　　　最佳影片获得者(inverse 奖项),

　　　　最佳影片提名者(inverse 提名)}:制片人(inverse 获得),

　　最佳外语片奖→{

　　　　最佳外语片(inverse 奖项),

　　　　最佳外语片提名电影(inverse 提名)}:电影(inverse 获得)]

create class 年度土星奖[

　　最佳年轻演员→{

　　　　最佳年轻演员获得者(inverse 奖项),

　　　　最佳年轻演员提名者(inverse 提名)}:演员(inverse 获得),

　　最佳动作冒险惊悚片奖→{

　　　　最佳动作冒险惊悚片(inverse 奖项),

　　　　最佳动作冒险惊悚片提名电影(inverse 提名)}:电影(inverse 获得),

　　国际影片奖→{

　　　　最佳国际影片(inverse 奖项),

　　　　最佳国际影片提名电影(inverse 提名)}:电影(inverse 获得)]

create class 年度金球奖[

　　最佳剧情片奖→{

　　　　最佳剧情片(inverse 奖项),

　　　　最佳剧情片提名电影(inverse 提名)}:电影(inverse 获得)],

　　最佳喜剧音乐片奖→{

　　　　最佳喜剧音乐片(inverse 奖项),

　　　　最佳喜剧音乐片提名电影(inverse 提名)}:电影(inverse 获得)]

年度电影奖的普通关系"举办地点"的目标类是酒店或剧院,它们分别定义如下:

create class 酒店[

　　@电话:String,

　　@地址:String,

　　normal 所在城市(inverse 酒店列表)(N:1):城市]

create class 剧院[

　　@地址:String,

　　normal 所在城市(inverse 剧院列表)(N:1):城市]

6.2.2　模式的语义

　　6.2.1 小节中所有模式的定义生成如程序 6.1 所示的子类定义.

程序 6.1　多媒体建模示例生成的子类定义

国家 isa 地区　　　　　　　　　　女配角 isa 演员

州 isa 地区　　　　　　　　　　　编剧 isa 人

省 isa 地区　　　　　　　　　　　原创剧本作者 isa 编剧

城市 isa 地区　　　　　　　　　　改编剧本作者 isa 编剧

图像 isa 多媒体　　　　　　　　　最佳改编剧本获得者 isa 改编剧本作者

图片 isa 图像　　　　　　　　　　最佳改编剧本提名者 isa 改编剧本作者

剧照 isa 图片　　　　　　　　　　制片人 isa 人

海报 isa 图片　　　　　　　　　　最佳影片获得者 isa 制片人

视频 isa 多媒体　　　　　　　　　最佳影片提名者 isa 制片人

非正片视频 isa 视频　　　　　　　配乐师 isa 人

预告片 isa 非正片视频　　　　　　最佳配乐获得者 isa 人

片花 isa 非正片视频　　　　　　　最佳配乐提名者 isa 人

花絮 isa 非正片视频　　　　　　　摄影师 isa 人

原创歌曲 isa 歌曲　　　　　　　　最佳摄影获得者 isa 摄影师

最佳外语片 isa 电影　　　　　　　最佳摄影提名者 isa 摄影师

最佳外语片提名电影 isa 电影　　　剪辑师 isa 人

最佳动作冒险惊悚片 isa 电影　　　最佳剪辑获得者 isa 剪辑师

最佳动作冒险惊悚片提名电影 isa 电影　最佳剪辑提名者 isa 剪辑师

最佳国际影片 isa 电影　　　　　　音响组人员 isa 人

最佳国际影片提名电影 isa 电影　　音响设计师 isa 音响组人员

最佳剧情片 isa 电影　　　　　　　音响剪辑监制 isa 音响组人员

最佳剧情片提名电影 isa 电影　　　音响调音师 isa 音响组人员

最佳喜剧音乐片 isa 电影　　　　　音响重录调音师 isa 音响组人员

最佳喜剧音乐片提名电影 isa 电影　最佳音响获得者 isa{音响调音师,音响重录调音师}

主持人 isa 人　　　　　　　　　　最佳音响提名者 isa{音响调音师,音响重录调音师}

导演 isa 人　　　　　　　　　　　最佳音响剪辑获得者 isa{音响设计师,音响剪辑监制}

最佳导演 isa 导演　　　　　　　　最佳音响剪辑提名者 isa{音响设计师,音响剪辑监制}

最佳导演提名 isa 导演　　　　　　词作者 isa 人

演员 isa 人　　　　　　　　　　　曲作者 isa 人

男主角 isa 演员　　　　　　　　　最佳原创歌曲获得者 isa{词作者,曲作者}

女主角 isa 演员　　　　　　　　　最佳原创歌曲提名者 isa{词作者,曲作者}

男配角 isa 演员　　　　　　　　　演唱者 isa 人

按照第 3 章所述的 INM 建模语言的语义,生成如下对象类定义:

```
class 电影[
    @流派:{犯罪片,剧情片,爱情片,战争片,喜剧片,科幻片,恐怖片,动画片,动作片},
    @片长:Int,
    @对白语言:String,
    @影片音轨:String,
    @屏幕高宽比:String,
```

@剧情简介:Text,

normal 国家地区:地区,

normal 制作公司:制片公司,

normal 出品公司:出品公司,

normal 协作公司 [@协作方面:String]:协作公司,

normal 发行公司 [@发行时间:Date,

@发行地点:String,

@发行媒介:{DVD,广播,光盘,剧场,录像带}]:发行公司,

图片→{剧照,海报}:图像,

非正片视频→{预告片,片花,花絮}:视频,

原声歌曲:歌曲,

导演:人,

演员→{男主角,女主角,男配角,女配角}:人,

编剧→{原创剧本作者,改编剧本作者}:人,

制片人:人,

配乐师:人,

摄影师:人,

剪辑师:人,

音响组人员→{音响设计师,音响剪辑监制,音响调音师,音响重录调音师}:人]

abstract class 地区 [

@人口:Int,

@面积:Int,

normal 电影:电影]

class 国家 [

@人口:Int,

@面积:Int,

normal 电影:电影,

contain 州:州,

contain 省:省,

contain 城市:城市]

class 州 [

@人口:Int,

@面积:Int,

normal 电影:电影,

normal 所属国家:国家,

contain 省:省]

class 省 [

```
        @人口:Int,
        @面积:Int,
        normal 电影:电影,
        normal 所属国家:国家
        contain 城市:城市]
    class 城市[
        @人口:Int,
        @面积:Int,
        normal 电影:电影,
        normal 所属国家:国家
        normal 酒店列表:酒店,
        normal 剧院列表:剧院]
    class 多媒体[
        @数据大小:Int,
        @数据创建日期:Date,
        @数据最近修改日期:Date]
    class 图像[
        @数据大小:Int,
        @数据创建日期:Date,
        @数据最近修改日期:Date,
        @图像格式:{JPG,GIF,BMP,PNG,TIFF,SVG,EPS},
        @颜色:{彩色,黑白}]
    class 视频[
        @数据大小:Int,
        @数据创建日期:Date,
        @数据最近修改日期:Date,
        @时长:Int,
        @视频格式:{RMVB,RM,AVI,DV,DVD,MPG}]
    class 歌曲[
        作曲者:人,
        作词者:人,
        演唱者:人]
    class 人[
        @出生日期:Date,
        @性别:String,
        normal 出生地:地区]
    class 制片公司[
```

    normal 制作的电影:电影]
class 出品公司[
    normal 出品的电影:电影]
class 协作公司[
    normal 协作的电影:电影]
class 发行公司[
    normal 发行的电影[@发行时间:Date,
                    @发行地点:String,
                    @发行媒介:{DVD,广播,光盘,剧场,录像带}]:电影]
class 电影角色[
    normal 扮演者:演员,
    normal 相关图片:图片]
class 电影奖[
    @媒体类型:String,
    @开始年份:Int,
    @官方网站:String]
class 年度电影奖[
    @举办时间:Date,
    normal 举办地点:剧院|酒店,
    主持人:人,
    最佳导演→{最佳导演获得者,最佳导演提名者}:导演,
    最佳男主角→{最佳男主角获得者,最佳男主角提名者}:男主角,
    最佳女主角→{最佳女主角获得者,最佳女主角提名者}:女主角,
    最佳改编剧本→{最佳改编剧本获得者,最佳改编剧本提名者}:改编剧本作者,
    最佳摄影→{最佳摄影获得者,最佳摄影提名者}:摄影师,
    最佳音响→{最佳音响获得者,最佳音响提名者}:音响调音师|音响重录调音师,
    最佳剪辑→{最佳剪辑获得者,最佳剪辑提名者}:剪辑师,
    最佳音响剪辑→{最佳音响剪辑获得者,
                    最佳音响剪辑提名者}:音响设计师|音响剪辑监制,
    最佳原声歌曲→{最佳原声歌曲获得者,最佳原声歌曲提名者}:曲作者|词作者,
    最佳配乐→{最佳配乐获得者,最佳配乐提名者}:配乐师]
class 年度奥斯卡金项奖[
    @举办时间:Date,
    normal 举办地点:剧院|酒店,
    主持人:人,
    最佳导演→{最佳导演获得者,最佳导演提名者}:导演,
    最佳男主角→{最佳男主角获得者,最佳男主角提名者}:男主角,

最佳女主角奖→{最佳女主角获得者,最佳女主角提名者}:女主角,

最佳改编剧本→{最佳改编剧本获得者,最佳改编剧本提名者}:改编剧本作者,

最佳摄影→{最佳摄影获得者,最佳摄影提名者}:摄影师,

最佳音响→{最佳音响获得者,最佳音响提名者}:音响调音师|音响重录调音师,

最佳剪辑→{最佳剪辑获得者,最佳剪辑提名者}:剪辑师,

最佳音响剪辑→{最佳音响剪辑获得者,

　　　　　　　最佳音响剪辑提名者}:音响设计师|音响剪辑监制,

最佳原声歌曲→{最佳原声歌曲获得者,最佳原声歌曲提名者}:曲作者|词作者,

最佳配乐→{最佳配乐获得者,最佳配乐提名者}:配乐师,

最佳影片→{最佳影片获得者,最佳影片提名者}:制片人,

最佳外语片奖→{最佳外语片,最佳外语片提名电影}:电影]

class 年度土星奖[

@举办时间:Date,

normal 举办地点:剧院|酒店,

主持人:人,

最佳导演→{最佳导演获得者,最佳导演提名者}:导演,

最佳男主角→{最佳男主角获得者,最佳男主角提名者}:男主角,

最佳女主角→{最佳女主角获得者,最佳女主角提名者}:女主角,

最佳改编剧本→{最佳改编剧本获得者,最佳改编剧本提名者}:改编剧本作者,

最佳摄影→{最佳摄影获得者,最佳摄影提名者}:摄影师,

最佳音响→{最佳音响获得者,最佳音响提名者}:音响调音师|音响重录调音师,

最佳剪辑→{最佳剪辑获得者,最佳剪辑提名者}:剪辑师,

最佳音响剪辑→{最佳音响剪辑获得者,

　　　　　　　最佳音响剪辑提名者}:音响设计师|音响剪辑监制,

最佳原声歌曲→{最佳原声歌曲获得者,最佳原声歌曲提名者}:曲作者|词作者,

最佳配乐→{最佳配乐获得者,最佳配乐提名者}:配乐师,

最佳年轻演员→{最佳年轻演员获得者,最佳年轻演员提名者}:演员,

最佳动作冒险惊悚片奖→{最佳动作冒险惊悚片,

　　　　　　　最佳动作冒险惊悚片提名电影}:电影,

国际影片奖→{最佳国际影片,最佳国际影片提名电影}:电影]

class 年度金球奖[

@举办时间:Date,

normal 举办地点:剧院|酒店,

主持人:人,

最佳导演→{最佳导演获得者,最佳导演提名者}:导演,

最佳男主角→{最佳男主角获得者,最佳男主角提名者}:男主角,

最佳女主角→{最佳女主角获得者,最佳女主角提名者}:女主角,

最佳改编剧本→{最佳改编剧本获得者,最佳改编剧本提名者}:改编剧本作者,

最佳摄影→{最佳摄影获得者,最佳摄影提名者}:摄影师,

最佳音响→{最佳音响获得者,最佳音响提名者}:音响调音师|音响重录调音师,

最佳剪辑→{最佳剪辑获得者,最佳剪辑提名者}:剪辑师,

最佳音响剪辑→{最佳音响剪辑获得者,

最佳音响剪辑提名者}:音响设计师|音响剪辑监制,

最佳原声歌曲→{最佳原声歌曲获得者,最佳原声歌曲提名者}:曲作者|词作者],

最佳配乐→{最佳配乐获得者,最佳配乐提名者}:配乐师,

最佳剧情片奖→{最佳剧情片,最佳剧情片提名电影}:电影]

最佳喜剧音乐片奖→{最佳喜剧音乐片,最佳喜剧音乐片提名电影}:电影]

```
class 酒店[
    @电话:String,
    @地址:String,
    normal 所在城市:城市]
class 剧院[
    @地址:String,
    normal 所在城市:城市]
```

此外,"电影"类中的角色关系派生如下角色关系类定义:

```
class 图片[
    @数据大小:Int,
    @数据创建日期:Date,
    @数据最近修改日期:Date,
    @图像格式:{JPG,GIF,BMP,PNG,TIFF,SVG,EPS},
    @颜色:彩色,黑白,
    context 所属电影:电影[role-based 角色:电影角色]]
class 剧照[
    @数据大小:Int,
    @数据创建日期:Date,
    @数据最近修改日期:Date,
    @图像格式:{JPG,GIF,BMP,PNG,TIFF,SVG,EPS},
    @颜色:彩色,黑白,
    context 所属电影:电影[role-based 角色:电影角色]]
class 海报[
    @数据大小:Int,
    @数据创建日期:Date,
    @数据最近修改日期:Date,
    @图像格式:{JPG,GIF,BMP,PNG,TIFF,SVG,EPS},
```

@颜色:彩色,黑白,

context 所属电影:电影[role- based 角色:电影角色]]

class 非正片视频[

@数据大小:Int,

@数据创建日期:Date,

@数据最近修改日期:Date,

@时长:Int,

@视频格式:{RMVB,RM,AVI,DV,DVD,MPG},

@纵横比:String,

context 所属电影:电影]

class 预告片[

@数据大小:Int,

@数据创建日期:Date,

@数据最近修改日期:Date,

@时长:Int,

@视频格式:{RMVB,RM,AVI,DV,DVD,MPG},

@纵横比:String,

context 所属电影:电影]

class 片花[

@数据大小:Int,

@数据创建日期:Date,

@数据最近修改日期:Date,

@时长:Int,

@视频格式:{RMVB,RM,AVI,DV,DVD,MPG},

@纵横比:String,

context 所属电影:电影]

class 花絮[

@数据大小:Int,

@数据创建日期:Date,

@数据最近修改日期:Date,

@时长:Int,

@视频格式:{RMVB,RM,AVI,DV,DVD,MPG},

@纵横比:String,

context 所属电影:电影]

class 原声歌曲[

作曲者:人,

作词者:人,

演唱者:人,

context 所在电影:电影]

class 导演 [

@出生日期:Date,

@性别:String,

normal 出生地:地区,

context 电影列表:电影[作为:导演]]

class 演员 [

@出生日期:Date,

@性别:String,

normal 出生地:地区,

context 电影列表:电影[作为:演员[role- based 扮演角色:电影角色]]]

class 男主角 [

@出生日期:Date,

@性别:String,

normal 出生地:地区,

context 电影列表:电影[作为:男主角[扮演角色:电影角色]]]

class 女主角 [

@出生日期:Date,

@性别:String,

normal 出生地:地区,

context 电影列表:电影[作为:女主角[扮演角色:电影角色]]]

class 男配角 [

@出生日期:Date,

@性别:String,

normal 出生地:地区,

context 电影列表:电影[作为:男配角[扮演角色:电影角色]]]

class 女配角 [

@出生日期:Date,

@性别:String,

normal 出生地:地区,

context 电影列表:电影[作为:女配角[扮演角色:电影角色]]]

class 编剧 [

@出生日期:Date,

@性别:String,

normal 出生地:地区,

context 电影列表:电影[作为:编剧]]

class 原创剧本作者 [
　　@出生日期:Date,
　　@性别:String,
　　normal 出生地:地区,
　　context 电影列表:电影 [作为:原创剧本作者]]
class 改编剧本作者 [
　　@出生日期:Date,
　　@性别:String,
　　normal 出生地:地区,
　　context 电影列表:电影 [作为:改编剧本作者]]
class 制片人 [
　　@出生日期:Date,
　　@性别:String,
　　normal 出生地:地区,
　　context 电影列表:电影 [作为:制片人]]
class 配乐师 [
　　@出生日期:Date,
　　@性别:String,
　　normal 出生地:地区,
　　context 电影列表:电影 [作为:配乐师]]
class 摄影师 [
　　@出生日期:Date,
　　@性别:String,
　　normal 出生地:地区,
　　context 电影列表:电影 [作为:摄影师]]
class 剪辑师 [
　　@出生日期:Date,
　　@性别:String,
　　normal 出生地:地区,
　　context 电影列表:电影 [作为:剪辑师]]
class 音响组人员 [
　　@出生日期:Date,
　　@性别:String,
　　normal 出生地:地区,
　　context 电影列表:电影 [作为:音响组人员]]
class 音响设计师 [
　　@出生日期:Date,

```
  @性别:String,
  normal 出生地:地区,
  context 电影列表:电影[作为:音响设计师]]
class 音响剪辑监制[
  @出生日期:Date,
  @性别:String,
  normal 出生地:地区,
  context 电影列表:电影[作为:音响剪辑监制]]
class 音响调音师[
  @出生日期:Date,
  @性别:String,
  normal 出生地:地区,
  context 电影列表:电影[作为:音响调音师]]
class 音响重录调音师[
  @出生日期:Date,
  @性别:String,
  normal 出生地:地区,
  context 电影列表:电影[作为:音响重录调音师]]
```

"歌曲"类中的角色关系派生如下角色关系类定义:

```
class 曲作者[
  @出生日期:Date,
  @性别:String,
  出生地:地区,
  context 歌曲列表:歌曲[作为:曲作者]]
class 作词者[
  @出生日期:Date,
  @性别:String,
  normal 出生地:地区,
  context 歌曲列表:歌曲[作为:作词者]]
class 演唱者[
  @出生日期:Date,
  @性别:String,
  normal 出生地:地区,
  context 歌曲列表:歌曲[as:演唱者]]
```

"年度电影奖"类中的角色关系派生如下角色关系类定义:

```
class 主持人[
  @出生日期:Date,
```

```
    @性别:String,
    normal 出生地:地区,
    context 主持的节目:年度电影奖]
class 最佳导演获得者[
    @出生日期:Date,
    @性别:String,
    normal 出生地:地区,
    context 电影列表:电影[作为:导演[获得:年度电影奖[奖项:最佳导演获得者]]]]
class 最佳导演提名者[
    @出生日期:Date,
    @性别:String,
    normal 出生地:地区,
    context 电影列表:电影[作为:导演[获得:年度电影奖[提名:最佳导演提名者]]]]
class 最佳男主角获得者[
    @出生日期:Date,
    @性别:String,
    normal 出生地:地区,
    context 电影列表:电影[作为:男主角[role-based 扮演角色:电影角色,
                                获得:年度电影奖[奖项:最佳男主角获得者]]]]
class 最佳男主角提名者[
    @出生日期:Date,
    @性别:String,
    normal 出生地:地区,
    context 电影列表:电影[作为:男主角[role-based 扮演角色:电影角色,
                                获得:年度电影奖[提名:最佳男主角提名者]]]
class 最佳女主角获得者[
    @出生日期:Date,
    @性别:String,
    normal 出生地:地区,
    context 电影列表:电影[作为:女主角[role-based 扮演角色:电影角色,
                                获得:年度电影奖[奖项:最佳女主角获得者]]]]
class 最佳女主角提名者[
    @出生日期:Date,
    @性别:String,
    normal 出生地:地区,
    context 电影列表:电影[作为:女主角[role-based 扮演角色:电影角色,
                                获得:年度电影奖[提名:最佳女主角提名者]]]]
```

class 最佳改编剧本获得者 [
　　@出生日期:Date,
　　@性别:String,
　　normal 出生地:地区,
　　context 电影列表:电影 [作为:改编剧本作者 [
　　　　　　　　获得:年度电影奖 [奖项:最佳改编剧本获得者]]]]
class 最佳改编剧本提名者 [
　　@出生日期:Date,
　　@性别:String,
　　normal 出生地:地区,
　　context 电影列表:电影 [作为:改编剧本作者 [
　　　　　　　　获得:年度电影奖 [提名:最佳改编剧本提名者]]]
class 最佳摄影获得者 [
　　@出生日期:Date,
　　@性别:String,
　　normal 出生地:地区,
　　context 电影列表:电影 [作为:剪辑师 [获得:年度电影奖 [奖项:最佳摄影获得者]]]]
class 最佳摄影提名者 [
　　@出生日期:Date,
　　@性别:String,
　　normal 出生地:地区,
　　context 电影列表:电影 [作为:剪辑师 [获得:年度电影奖 [提名:最佳摄影提名者]]]]
class 最佳音响获得者 [
　　@出生日期:Date,
　　@性别:String,
　　normal 出生地:地区,
　　context 电影列表:电影 [作为:{音响调音师 [获得:年度电影奖 [奖项:最佳音响获得者]],
　　　　　　　　音响重录调音师 [获得:年度电影奖 [
　　　　　　　　　　奖项:最佳音响获得者]]}]]
class 最佳音响提名者 [
　　@出生日期:Date,
　　@性别:String,
　　normal 出生地:地区,
　　context 电影列表:电影 [作为:{音响调音师 [获得:年度电影奖 [提名:最佳音响提名者]],
　　　　　　　　音响重录调音师 [获得:年度电影奖 [
　　　　　　　　　　提名:最佳音响提名者]}]]
class 最佳剪辑获得者 [

@出生日期:Date,

@性别:String,

normal 出生地:地区,

电影列表:电影[作为:剪辑师[获得奖项:年度电影奖.最佳剪辑获得者]]]

class 最佳剪辑提名者[

  @出生日期:Date,

  @性别:String,

  normal 出生地:地区,

  context 电影列表:电影[作为:剪辑师[获得:年度电影奖[提名:最佳剪辑提名者]]]

class 最佳音响剪辑获得者[

  @出生日期:Date,

  @性别:String,

normal 出生地:地区,

context 电影列表:电影[作为:{音响设计师[获得:年度电影奖[

                    奖项:最佳音响剪辑获得者]],

                音响剪辑监制[获得:年度电影奖[

                    奖项:最佳音响剪辑获得者]]}]]

class 最佳音响剪辑提名者[

  @出生日期:Date,

  @性别:String,

  normal 出生地:地区,

  context 电影列表:电影[作为:{音响设计师[获得:年度电影奖[

                提名:最佳音响剪辑提名者]],

            音响剪辑监制[获得:年度电影奖[

            提名:最佳音响剪辑提名者]}]]

class 最佳原声歌曲获得者[

  @出生日期:Date,

  @性别:String,

  normal 出生地:地区,

  context 歌曲列表:歌曲[作为:{曲作者[获得:年度电影奖[奖项:最佳原声歌曲获得者]],

             词作者[获得:年度电影奖[

            奖项:最佳原声歌曲获得者]]}]]

class 最佳原声歌曲提名者[

  @出生日期:Date,

  @性别:String,

  normal 出生地:地区,

  context 歌曲列表:歌曲[作为:{曲作者[获得:年度电影奖[提名:最佳原声歌曲提名者]],

词作者 [获得 : 年度电影奖 [提名 : 最佳原声歌曲提名者]] }]]

class 最佳配乐获得者 [

 @出生日期 : Date,

 @性别 : String,

 normal 出生地 : 地区,

 context 电影列表 : 电影 [作为 : 配乐师 [获得 : 年度电影奖 [奖项 : 最佳配乐获得者]]]]

class 最佳配乐提名者 [

 @出生日期 : Date,

 @性别 : String,

 normal 出生地 : 地区,

 context 电影列表 : 电影 [作为 : 配乐师 [获得 : 年度电影奖 [提名 : 最佳配乐提名者]]]]

"年度奥斯卡金项奖"类中的角色关系派生如下角色关系类定义：

class 最佳影片获得者 [

 @出生日期 : Date,

 @性别 : String,

 normal 出生地 : 地区,

 context 电影列表 : 电影 [作为 : 制片人 [

      获得 : 年度奥斯卡金项奖 [奖项 : 最佳影片获得者]]]]

class 最佳影片提名者 [

 @出生日期 : Date,

 @性别 : String,

 normal 出生地 : 地区,

 context 电影列表 : 电影 [作为 : 制片人 [

      获得 : 年度奥斯卡金项奖 [提名 : 最佳影片提名者]]]]

class 最佳外语片 [

 @流派 : {犯罪片, 剧情片, 爱情片, 战争片, 喜剧片, 科幻片, 恐怖片, 动画片, 动作片 },

 @片长 : Int,

 @对白语言 : String,

 @影片音轨 : String,

 @屏幕高宽比 : String,

 @剧情简介 : Text,

 normal 国家地区 : 地区,

 normal 制作公司 : 制片公司,

 normal 出品公司 : 出品公司,

 normal 协作公司 [@协作方面 : String] : 协作公司,

 normal 发行公司 [@发行时间 : Date,

      @发行地点 : String,

@发行媒介:{DVD,广播,光盘,剧场,录像带}]:发行公司,

图片→{剧照,海报}:图像,

非正片视频→{预告片,片花,花絮}:视频,

原声歌曲:歌曲,

导演:人,

演员→{男主角,女主角,男配角,女配角}:人,

编剧→{原创剧本作者,改编剧本作者}:人,

制片人:人,

配乐师:人,

摄影师:人,

剪辑师:人,

音响组人员→{音响设计师,音响剪辑监制,音响调音师,音响重录调音师}:人]

context 获得:年度奥斯卡金项奖[奖项:最佳外语片]]

class 最佳外语片提名电影[

......,//与最佳外语片类似继承自目标类"电影"的所有属性和关系

context 获得:年度奥斯卡金项奖[提名:最佳外语片提名电影]]

"年度土星奖"类中的角色关系派生如下角色关系类定义:

class 最佳年轻演员获得者[

@出生日期:Date,

@性别:String,

normal 出生地:地区,

context 电影列表:电影[作为:演员[role-based 扮演角色:电影角色,

获得:年度土星奖[奖项:最佳年轻演员获得者]]]]

class 最佳年轻演员提名者[

@出生日期:Date,

@性别:String,

normal 出生地:地区,

context 电影列表:电影[作为:演员[role-based 扮演角色:电影角色,

提名:年度土星奖[奖项:最佳年轻演员提名者]]]]

class 最佳动作冒险惊悚片[

......,//与最佳外语片类似继承目标类"电影"的所有属性和关系

context 获得:年度土星奖[奖项:最佳动作冒险惊悚片]]

class 最佳动作冒险惊悚片提名电影[

......,//与最佳外语片类似继承目标类"电影"的所有属性和关系

context 获得:年度土星奖[提名:最佳动作冒险惊悚片提名电影]]

class 最佳国际影片[

......,//与最佳外语片类似继承目标类"电影"的所有属性和关系

context 获得:年度土星奖[奖项:最佳国际影片]]

class 最佳国际影片提名电影[

　　......,//与最佳外语片类似继承目标类"电影"的所有属性和关系

　　context 获得:年度土星奖[提名:最佳国际影片提名电影]]

"年度金球奖"类中的角色关系派生如下角色关系类定义:

class 最佳剧情片[

　　......,//与最佳外语片类似继承目标类"电影"的所有属性和关系

　　context 获得:年度金球奖[奖项:最佳剧情片]]

class 最佳剧情片提名电影[

　　......,//与最佳外语片类似继承目标类"电影"的所有属性和关系

　　context 获得:年度金球奖[提名:最佳剧情片提名电影]]

class 最佳喜剧音乐片[

　　......,//与最佳外语片类似继承目标类"电影"的所有属性和关系

　　context 获得:年度金球奖[奖项:最佳喜剧音乐片]]

class 最佳喜剧音乐片提名电影[

　　......,//与最佳外语片类似继承目标类"电影"的所有属性和关系

　　context 获得:年度金球奖[提名:最佳喜剧音乐片提名电影]]

6.2.3　实例

根据以上多媒体模式定义的语义所产生的类,以下是符合模式的实例:

(1) 电影的实例.

{最佳国际影片,最佳剧情片} 贫民窟的百万富翁[

　　@流派:{犯罪片,剧情片,爱情片},

　　@片长:120,

　　@对白语言:{英语,北印度语,法语},

　　@影片音轨:{SDDS,Dolby-Digital,DTS},

　　@屏幕高宽比:2.35:1,

　　@剧情简介:"贾马尔·马里克(戴夫·帕特尔饰),来自孟买的街头小青年,现在正

　　　　　　　　遭到…",

　　国家地区:英国,

　　制作公司:Celador 公司,

　　图片→剧照:{青年贾马尔剧照,贾马尔舞蹈剧照},

　　非正片视频→花絮:贾马尔与女友,

　　原声歌曲:{"Jai Ho","O Saya"},

　　导演:丹尼·博伊尔,

　　演员→男主角:戴夫·帕特尔,

　　编剧→改编剧本作者:西蒙·比尤弗伊,

制片人:斯蒂安·科尔森,

配乐师:拉曼,

摄影师:安东尼·多德·曼托,

剪辑师:克里斯·狄更斯,

音响组人员→{音响设计师:{格列·弗里曼特尔,汤姆·塞耶斯},

音响剪辑监制:格列·弗里曼特尔,

音响重录调音师:{伊恩·泰普,理查德·普赖克},

音响调音师:"Resul Pookutty"},

获得:{第81届奥斯卡金项奖[奖项:{最佳影片获得者,最佳摄影获得者,

最佳导演获得者,最佳剪辑获得者,

最佳配乐获得者,最佳原声歌曲获得者,

最佳音响获得者,最佳改编剧本获得者},

提名:{最佳原声歌曲提名者,

最佳音响剪辑揭名者者}],

第35届土星奖[奖项:{最佳国际影片,最佳年轻演员获得者}],

第66届金球奖[奖项:{最佳剧情片,最佳导演获得者,

最佳配乐获得者,最佳改编剧本获得者}]}]

电影127小时[

导演:丹尼·博伊尔,

编剧→改编剧本作者:丹尼·博伊尔]

电影28周后[

导演:丹尼·博伊尔,

制片人:丹尼·博伊尔]

{最佳外语片,最佳动作冒险惊悚片}卧虎藏龙[

@流派:{爱情片,动作片,奇幻片,冒险片},

@片长:120,

@对白语言:汉语,

@影片音轨:Dolby-Digital,

@屏幕高宽比:2.35:1,

国家地区:中国,

原声歌曲:"A Love Before Time",

导演:李安,

演员→{男主角:周润发,女主角:杨紫琼,女配角:章子怡},

编剧→ 改编剧本作者:{王蕙玲,詹姆士·沙姆斯,蔡国荣},

制片人:{江志强,徐立功,李安},

配乐师:谭盾,

摄影师:鲍德熹,

　　　剪辑师:蒂姆·斯奎尔斯,

　　　获得:{第73届奥斯卡金项奖[奖项:{最佳摄影获得者,最佳配乐获得者,

　　　　　　　　　　　　　　　最佳外语片,最佳动作冒险惊悚片},

　　　　　　　　　　　　提名:{最佳导演提名者,最佳改编剧本提名者,

　　　　　　　　　　　　　　　最佳剪辑提名者,最佳原声歌曲提名者,

　　　　　　　　　　　　　　　最佳影片提名者}],

　　　　　　　第27届土星奖[奖项:最佳动作冒险惊悚片,

　　　　　　　　　　　　提名:{最佳男主角提名者,最佳女主角提名者,

　　　　　　　　　　　最佳改编剧本提名者}]]

　　电影 制造伍德斯托克音乐节[

　　　导演:李安]

(2) 电影奖项和年度奖项.

电影奖项 奥斯卡金项奖[

　　@媒体类型:电影,

　　@开始年份:1929,

　　@官方网站:http://www.oscar.com/]

电影奖项 土星奖[

　　@媒体类型:{电影,电视},

　　@开始年份:1978,

　　@官方网站:http://www.saturnawards.org/]

电影奖项 金球奖[

　　@媒体类型:{电影,电视},

　　@开始年份:1944,

　　@官方网站:http://www.goldenglobes.org/]

年度奥斯卡金项奖 第81届奥斯卡金项奖[

　　@举办时间:2009-2-22,

　　举办地点:柯达剧院,

　　主持人:休·杰克曼,

　　最佳导演→最佳导演获得者:丹尼·博伊尔,

　　最佳改编剧本→最佳改编剧本获得者:西蒙·比尤弗伊,

　　最佳摄影→最佳摄影获得者:安东尼·多德·曼托,

　　最佳音响奖→最佳音响获得者:{伊恩·泰普,理查德·普赖克,

　　　　　　　　　　　　　　"Resul Pookutty"},

　　最佳剪辑→最佳剪辑获得者:克里斯·狄更斯,

　　最佳音响剪辑奖→最佳音响剪辑提名者:{汤姆·塞耶斯,格列·弗里曼特尔},

　　最佳原声歌曲→{最佳原声歌曲获得者:{拉曼,Gulzar},

　　最佳原声歌曲提名者:{拉曼,"Maya Arulpragasam"},

最佳配乐→最佳配乐获得者:拉曼,

最佳影片→最佳影片获得者:斯蒂安·科尔森]

年度土星奖 第 35 届土星奖[

最佳国际影片奖→最佳国际影片:贫民窟的百万富翁,

最佳年轻演员→最佳年轻演员获得者:戴夫·帕特尔]

年度金球奖 第 66 届金球奖[

@举办时间:2009-1-11,

举办地点:贝弗利希尔顿酒店,

最佳剧情片奖→最佳剧情片:贫民窟的百万富翁,

最佳导演→最佳导演获得者:丹尼·博伊尔,

最佳配乐→最佳配乐获得者:拉曼,

最佳改编剧本→最佳改编剧本获得者:西蒙·比尤弗伊]

年度奥斯卡金项奖 第 73 届奥斯卡金项奖[

@举办时间:2001-3-25,

最佳导演→最佳导演提名者:李安,

最佳改编剧本→最佳改编剧本提名者:{王蕙玲,詹姆士·沙姆斯,蔡国荣},

最佳剪辑→最佳剪辑提名者:蒂姆·斯奎尔斯,

最佳摄影→最佳摄影获得者:鲍德熹,最佳配乐→最佳配乐获得者:谭盾,

最佳原声歌曲→最佳原声歌曲提名者:{"Jorge Calandrelli",谭盾,詹姆士·沙姆斯},

最佳影片→最佳影片提名者:{江志强,徐立功,李安},

最佳外语片奖→最佳外语片:卧虎藏龙]

年度土星奖 第 27 届土星奖[

@举办时间:2001-6-12,

最佳动作冒险惊悚片奖→最佳动作冒险惊悚片:卧虎藏龙,

最佳导演→最佳导演提名者:李安,

最佳男主角→最佳男主角提名者:周润发,

最佳女主角→最佳女主角提名者:杨紫琼,

最佳改编剧本→最佳改编剧本提名者:{王蕙玲,詹姆士·沙姆斯,蔡国荣}]

(3) 多媒体的实例.

剧照 青年贾马尔剧照[

@数据大小:9k,

@数据创建日期:2009-1-2,

@图像格式:JPG,

@颜色:彩色,

所属电影:贫民窟的百万富翁[角色:贾马尔]]

剧照 贾马尔舞蹈剧照[

@数据大小:8k,

　　　　@数据创建日期:2009-1-3,

　　　　@图像格式:EPS,

　　　　@颜色:彩色,

　　　　所属电影:贫民窟的百万富翁[角色:贾马尔]]

花絮 贾马尔与女友[

　　　　@数据大小:11k,

　　　　@数据创建日期:2009-1-5,

　　　　@视频格式:RM,

　　　　所属电影:贫民窟的百万富翁]

（4）歌曲的实例.

原声歌曲"Jai Ho"[

　　　　曲作者:拉曼,

　　　　词作者:Gulzar,

　　　　演唱者:"Sukhwinder Singh",

　　　　所在电影:贫民窟的百万富翁,

　　　　获得奖项:第 81 届奥斯卡金项奖.最佳原声歌曲获得者]

原声歌曲"O Saya"[

　　　　曲作者:拉曼,

　　　　词作者:"Maya Arulpragasam",

　　　　所在电影:贫民窟的百万富翁,

　　　　获得:{第 81 届奥斯卡金项奖[提名:最佳原声歌曲提],

　　　　　　第 73 届奥斯卡金项奖[提名:最佳原声歌曲提名者]},

　　　　原声歌曲:"A Love Before Time"[曲作者:{"Jorge Calandrelli",谭盾},

　　　　词作者:詹姆士·沙姆斯,

　　　　所在电影:卧虎藏龙]

（5）人的典型实例.

主持人休·杰克曼[

　　　　主持的节目:第 81 届奥斯卡金项奖]

{导演,最佳导演获得者}丹尼·博[

　　　　@出生日期:1956-10-20,

　　　　@性别:男,

　　　　出生地:曼彻斯特,

　　　　电影列表:{贫民窟的百万富翁[作为:导演[

　　　　　　　　获得:{第 81 届奥斯卡金项奖[奖项:最佳导演获得者],

　　　　　　　　　　第 66 届金球奖[奖项:最佳导演获得者]}]]],

　　　　　　127 小时[作为:{导演,改编剧本作者}],

　　　　　　28 周后[作为:{导演,制片人}]}}

最佳年轻演员获得者 戴夫·帕特尔[
　　电影列表:贫民窟的百万富翁[作为:男主角[
　　　　扮演角色:贾马尔,获得:第35届土星奖[奖项:最佳年轻演员获得者]]]]
最佳改编剧本获得者 西蒙·比尤弗伊[
　　电影列表:贫民窟的百万富翁[作为:改编剧本作者[
　　　　获得:{第81届奥斯卡金项奖[奖项:最佳改编剧本获得者],
　　　　　　第66届金球奖[奖项:最佳改编剧本获得者]}]]]
最佳影片获得者 斯蒂安·科尔森[
　　电影列表:贫民窟的百万富翁[作为:制片人[
　　　　获得:第81届奥斯卡金项奖[奖项:最佳影片获得者]]]]
{最佳配乐获得者,最佳原声歌曲获得者,最佳原声歌曲提名者} 拉曼[
　　电影列表:贫民窟的百万富翁[作为:配乐师[
　　　　获得:{第81届奥斯卡金项奖[奖项:最佳配乐获得者],
　　　　　　第66届金球奖[奖项:最佳配乐获得者]}]],
　　歌曲列表:{"Jai Ho"[作为:曲作者[获得:第81届奥斯卡金项奖[
　　　　　　　　　　奖项:最佳原声歌曲获得者]]],
　　　　　"O Saya"[作为:曲作者[获得:第81届奥斯卡金项奖[
　　　　　　　　　　提名:最佳原声歌曲提名者]]]}}]
最佳摄影获得者 安东尼·多德·曼托[
　　电影列表:贫民窟的百万富翁[作为:摄影师[
　　　　获得:第81届奥斯卡金项奖[奖项:最佳摄影获得者]]]]
最佳剪辑获得者 克里斯·狄更斯[
　　电影列表:贫民窟的百万富翁[作为:剪辑师[
　　　　获得:第81届奥斯卡金项奖[奖项:最佳剪辑获得者]]]]
最佳音响剪辑提名者 格列·弗里曼特尔[
　　电影列表:贫民窟的百万富翁[作为:{
　　　　音响设计师[获得:第81届奥斯卡金项奖[提名:最佳音响剪辑提名者]],
　　　　音响剪辑监制[获得:第81届奥斯卡金项奖[提名:最佳音响剪辑提名者]]}]]
最佳音响剪辑提名者 汤姆·塞耶斯[
　　电影列表:贫民窟的百万富翁[作为:音响设计师[
　　　　获得:第81届奥斯卡金项奖[提名:最佳音响剪辑提名者]]]]
最佳音响获得者 伊恩·泰普[
　　电影列表:贫民窟的百万富翁[作为:音响重录调音师[
　　　　获得:第81届奥斯卡金项奖[奖项:最佳音响获得者]]]]
最佳音响获得者 理查德·普赖克[
　　电影列表:贫民窟的百万富翁[作为:音响重录调音师[
　　　　获得:第81届奥斯卡金项奖[奖项:最佳音响获得者]]]]

最佳音响获得者"Resul Fookutty"[

　　电影列表:贫民窟的百万富翁[作为:录音调音师[

　　　　获得:第81届奥斯卡金项奖[奖项:最佳音响获得者]]]]

最佳原声歌曲获得者 Gulzar[

　　歌曲列表:"Jai Ho"[作为:词作者[

　　　　获得:第81届奥斯卡金项奖[奖项:最佳原声歌曲获得者]]]]

演唱者"Sukhwinder Singh"[

　　歌曲列表:"Jai Ho"[作为:演唱者]]

最佳原声歌曲提名者"Maya Aruipragasam"[

　　歌曲列表:"O Saya"[作为:词作者[获得:第81届奥斯卡金项奖[

　　　　提名:最佳原声歌曲提名者]]]]

{最佳导演提名者,最佳影片提名者,制片人} 李安[

　　电影列表:{卧虎藏龙[作为:{导演[获得:{第73届奥斯卡金项奖[提名:最佳导演提名者,

　　　　　　　　第27届土星奖[提名:最佳导演提名者]}},

　　　　　　　　制片人[获得:第73届奥斯卡金项奖[提名:最佳影片提名者]]}],

　　　　　　　制造伍德斯托克音乐节[作为:制片人]}]

最佳男主角提名者 周润发[

　　电影列表:卧虎藏龙[作为:男主角[扮演角色:李慕白,

　　　　　　　　获得:第27届土星奖[提名:最佳男主角提名者]]]]

最佳女主角提名者 杨紫琼[

　　电影列表:卧虎藏龙[作为:女主角[扮演角色:俞秀莲,

　　　　　　　　获得:第27届土星奖[提名:最佳女主角提名者]]]]

女配角 章子怡[

　　电影列表:卧虎藏龙[作为:女配角[扮演角色:玉娇龙]]]

最佳改编剧本提名者 王蕙玲[

　　电影列表:卧虎藏龙[作为:改编剧本作者[

　　　　获得:{第73届奥斯卡金项奖[提名:最佳改编剧本提名者],

　　　　第27届土星奖[提名:最佳改编剧本提名者]}]]]

{最佳改编剧本提名者.最佳原声歌曲提名者}詹姆士·沙姆斯[

　　电影列表:卧虎藏龙[作为:改编剧本作者[

　　　　获得:{第73届奥斯卡金项奖[提名:最佳改编剧本提名者],

　　　　第27届土星奖[提名:最佳改编剧本提名者]}]]

　　歌曲列表:"A Love Before Time"[作为:词作者[

　　　　获得:第73届奥斯卡金项奖[提名:最佳原声歌曲提名者]]]

最佳改编剧本提名者 蔡国荣[

　　电影列表:卧虎藏龙[作为:改编剧本作者[

　　　　获得:{第73届奥斯卡金项奖[提名:佳改编剧本提名者],

第 27 届土星奖 [提名：最佳改编剧本提名者]}]]]

最佳影片提名者 江志强 [

　　电影列表：卧虎藏龙 [作为：制片人 [获得：第 73 届奥斯卡金项奖 [提名：最佳影片提名者]]]]

最佳影片提名者 徐立功 [

　　电影列表：卧虎藏龙 [作为：制片人 [获得：第 73 届奥斯卡金项奖 [提名：最佳影片提名者]]]]

{最佳配乐获得者,最佳原声歌曲提名者} 谭盾 [

　　电影列表：卧虎藏龙 [作为：配乐师 [获得：第 73 届奥斯卡金项奖 [奖项：最佳配乐获得者]]],

　　　　歌曲列表："A Love Before Time" [作为：曲作者 [

　　　　获得：第 73 届奥斯卡金项奖 [提名：最佳原声歌曲提名者]]]]

最佳原声歌曲提名者 "Jorge Calandrelli" [

　　歌曲列表："A Love Before Time" [作为：曲作者 [

　　　　获得：第 73 届奥斯卡金项奖 [提名：最佳原声歌曲提名者]]]]

(6) 其他实例.

国家 英国 [

　　城市：曼彻斯特,

　　电影：贫民窟的百万富翁]

国家 中国 [

　　电影：卧虎藏龙]

制片公司 Celador 公司 [制作的电影：贫民窟的百万富翁]

电影角色贾马尔 [

　　扮演者：戴夫·帕特尔,

　　相关图片：{青年贾马尔剧照,贾马尔舞蹈剧照}]

电影角色 李慕白 [扮演者：周润发]

电影角色 俞秀莲 [扮演者：杨紫琼]

电影角色 玉娇龙 [扮演者：章子怡]

6.2.4　查询

IMDB 提供了结构化的关键字搜索功能和多维导航浏览功能,这两者可以用 IQL 非常简洁、自然地表示. 以下是两个典型的例子：

(1) 找名字是贫民窟的百万富翁的电影.

query 电影x,x=贫民窟的百万富翁 construct x[]

(2) 找对白语言是英语的英国剧情片.

query 电影x[对白语言：英语,国家地区：英国,流派：剧情片]construct x[]

此外,针对用 INM 建模所得到的电影多媒体数据库,还可以用 IQL 直接自然地表示各种语义关系更复杂的查询,其中大多数查询在 IMDB 中无法通过以上两种方式搜索得到. 以下是按功能划分的典型例子：

(1) 上下文语境信息访问查询(context-dependent access query)：

找丹尼·博伊尔作为最佳导演的所有信息.

query x=尼·博伊尔 construct (最佳导演获得者)x[]

(2) 路径查询(path query)：

① 找丹尼·博伊尔所导演的获得第 81 届奥斯卡最佳导演奖的电影

query 丹尼·博伊尔/电影列表:$x//获得:第 81 届奥斯卡金项奖/奖项:最佳导演获得者
construct $x

query 电影 $x[获得:第 81 届奥斯卡金项奖/奖项:最佳导演获得者,导演:尼·博伊尔]
construct $x

② 找丹尼·博伊尔作为各种不同的演职人员参与的电影,显示他在各个不同的电影中担任的演职人员角色。

query 丹尼·博伊尔/电影列表:$x/作为:$y

construct 丹尼·博伊尔/电影列表:$x/作为:$y

如果要显示他作为各种不同的演职人员角色相关的电影,查询部分相同但是结果构造部分不同,可以表示如下：

query 丹尼·博伊尔/电影列表:$x/作为:$y

construct 丹尼·博伊尔/作为:$y/电影列表:$x

③ 找获得第 81 届奥斯卡金项奖的电影的男主角所扮演角色的所有剧照.

query 电影 $x[获得:第 81 届奥斯卡金项奖,//男主角:$y//扮演角色:$z,//剧照:$w]
construct $x/男主角:$y/扮演角色:$z/剧照:$w

④ 找自编、自导、自演且获得奥斯卡金项奖最佳外语片奖的电影的所有信息.

query 电影 $x[编剧:*$y,导演:$y,演员:*$y,获得:年度奥斯卡金项奖 $z/奖项:
　　　　最佳外语片] construct $x[]

⑤ 找获得奥斯卡金项奖的中国电影及其获得的奖项和每个奖项对应的获奖人.

query 电影 $x [国家地区:中国,获得:$y/奖项:$z],年度奥斯卡金项奖 $y//$z:$w
construct $x/获得:$y/奖项:$z/获奖人:$w

⑥ 找 Celador 公司制作的获奖电影,各个电影获得的奖项和获奖数量.

query Celador 公司/制作的电影:$x/获得:$y/奖项:$z
construct $x[获得:$y/奖项:$z,获奖数量:count($z)]

⑦ 找既是导演又是制作人所导演的电影及他们在电影中作为导演所获得的年度奖提名及这些电影获得的与提名年度奖相同的获奖人员及其获得的奖项.

query 人 $x[//作为:制片人,电影列表:$y/作为:导演/获得:$z/提名:$w],$u/电影列
　　　表:$y//获得:$z/奖项:$t construct $x/导演的电影:$y[作为导演获得的年度
　　　奖:$z/提名:$w,获奖人:$u/获得:$z/奖项:$t]

query {导演,制片人}$x/电影列表:$y/作为:导演/获得:$z/提名:$w,$u/电影列表:
　　　$y//获得:$z/奖项:$t construct $t/导演的电影:$y[作为导演获得的年度奖:
　　　$z/提名:$w,获奖人:$u/获得:$z/奖项:$t]

⑧ 找主持过奥斯卡金项奖的主持人,他/她在同一部电影中既是演员又是制片人.

query 主持人 $x[主持节目:$y,//电影列表:$z/作为:{演员,制片人}],
　　　年度奥斯卡金项奖$y construct $x/既是演员又是制片人的电影:$z

⑨ 找爱情片电影的编剧、导演及该导演所制片的电影、获得的奖项和各个奖

项的原声歌曲获得者所在歌曲的演唱者及各个奖项的最佳摄影获得者.

query 电影$x[流派:爱情片,编剧:*$y,导演:$d/电影列表:$f/作为:制片人,获得:$z/奖项:$w],$z[//最佳原声歌曲获得者:$u/歌曲列表:$v/演唱者:$q,//最佳摄影获得者:$s]construct[$x[编剧:$y,导演:$d/电影列表:$f,获得:$z/奖项:$w],$z[最佳原声歌曲获得者:$u/歌曲列表:$v/演唱者:$q,最佳摄影获得者:$s]]

（3）全称量词查询（universally quantified query）：

① 找满足如下条件的导演和演员：该导演所导演每一部电影该演员都是女主角.

query 导演$x,演员$y,(foreach $z in 电影$z/导演:$x)($z//女主角:$y)construct[导演:$x,演员:$y]

② 找满足如下条件的导演：他/她所导演的每一部电影都获得奥斯卡金像奖.

query(foreach $y in 电影 $y/导演:$x)($y//获得:年度奥斯卡金项奖$z/奖项:$w)construct $x

query (foreach $y in $x//电影列表:$y/作为:导演)($y//获得:年度奥斯卡金项奖$z/奖项:$w) construct $x

（4）否定查询（negative query）：

找没有获得过奥斯卡金像奖的电影.

query 电影$x,not $x/获得:年度奥斯卡金项奖 $y/奖项:$z construct$x

（5）特定类别查询（specific category query）：

找电影卧虎藏龙的所有角色关系.

query 电影卧虎藏龙/role $x construct 卧虎藏龙的所有角色关系包括/$x

（6）聚集计算和排序查询（aggregation and order by query）：

找获得过 7 项以上奥斯卡金像奖的电影,显示这些电影及其获得奖项和获奖个数,电影按照获得奖项数量的降序排列显示.

query 电影$x//获得:年度奥斯卡金项奖$y/奖项:$z,count($z)> 7
construct $x order by count($z) desc[获得:$y/奖项:$z,获奖个数:count($z)]

6.3 用户界面

用户可以使用模式语言和实例语言对现实世界进行语义建模,使用查询语言对建模的信息进行各种查询. 系统提供三种方式使用这些语言：

（1）可以直接在服务器端交互式地执行模式语言、实例语言和查询语言.

（2）C/S模式 Java 客户端提供了执行这三种语言的接口并提供了关键字和自然语言搜索的接口,展现各部分执行的结果.

（3）Web 客户端主要用于信息的导航浏览和搜索,用户可以方便地浏览一个对象的各种信息,进而沿着关系进入与之相关的其他对象,web 提供了关键字、自然语言、查询语言搜索的接口,以层次结构和结果树两种方式展现结果.

具体而言,INM-DBMS 的 Java 客户端主要支持以下几种功能:

(1) 数据库的配置如图 6.1 所示,其作用是设置客户端所连接服务器的 IP 地址和端口号以确定数据库所在的位置.

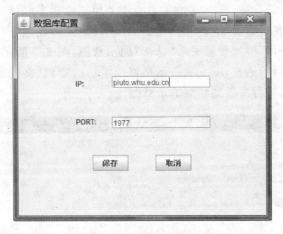

图 6.1　数据库配置

(2) 数据库删除和实例的删除如图 6.2 所示,删除数据库是删除整个数据库文件包括模式和实例,而删除实例则仅仅删除实例.

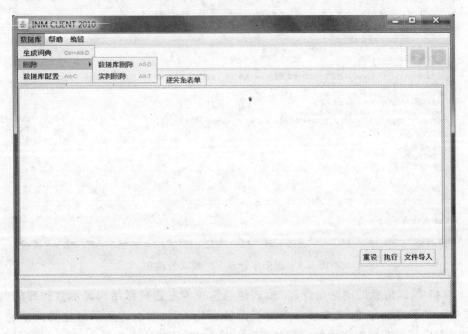

图 6.2　数据库删除和实例删除

（3）数据库管理如图 6.3～图 6.6 所示，数据库管理选项卡的命令输入区可以输入模式语言（包括模式的添加、删除和修改）、实例语言（包括实例的添加、删除和修改）或者导入已经编辑好且以 UTF-8 格式保存的模式语言或实例语言文本文件并执行，完成语言的功能．图 6.3 所示是 6.1 节所述电影多媒体建立模式的语言，图 6.4 所示是修改对象类"地区"的属性"人口"的定义再删除它，然后对已经存在的对象类"制片公司"添加普通关系"总部"的示意图，图 6.5 所示是 6.1 节所述电影多媒体建立实例的语言，图 6.6 所示是修改电影的实例"贫民窟的百万富翁"的导演再删除它，然后再次添加导演的示意图．

图 6.3　数据库管理——模式的建立

（4）模式信息的浏览与查询．模式信息选项卡左边树形结构显示数据库的模式中 top 下的所有类，双击某一个类下面显示其子类，右上方显示选定类的定义，右下方显示类在数据库中的字段值；双击右上方类的属性或关系，右下方显示其在

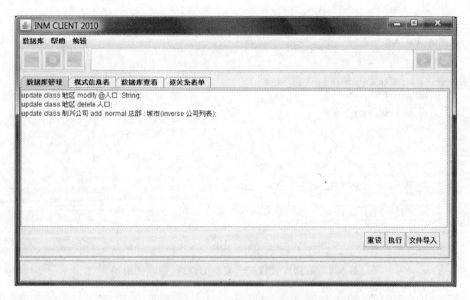

图 6.4　数据库管理——模式的修改、删除和添加

图 6.5　数据库管理——实例的建立

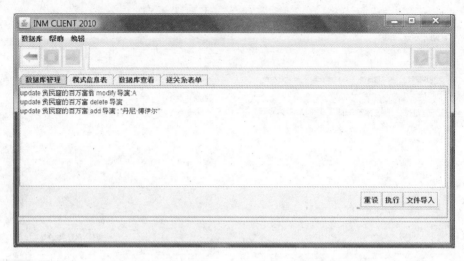

图 6.6 数据库管理——实例的修改、删除和添加

数据库中的字段值;双击任意关系的目标类显示该类的定义. 图 6.7 中右边显示了电影的所有子类包括国际影片奖、最佳剧情片奖等,左边显示了电影的定义. 图 6.8 所示是使用 IQL 找演员的定义的示意图.

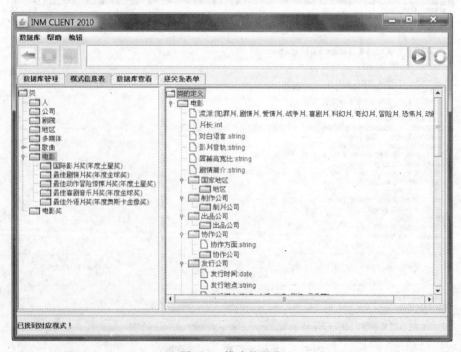

图 6.7 模式的浏览

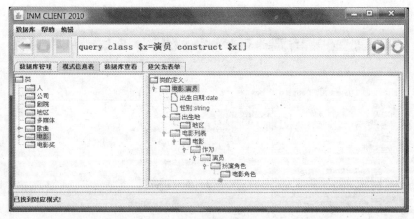

图 6.8 模式的查询

（5）实例信息的浏览与查询. 数据库查看选项卡中左边树形结构显示 top 下的所有类，双击某一个类下面显示其子类，右边显示选定类的所有实例，双击某一个实例，显示其所有信息，双击其某个关系的目标对象，显示该对象的所有信息. 图 6.9 中右边显示了电影"贫民窟的百万富翁"的所有信息，双击其导演"丹尼·博伊尔"显示他的所有信息如图 6.10 所示. 图 6.11～图 6.15 所示是使用 IQL 分别找"贫民窟的百万富翁"、各个导演获得的奖项及该奖项的最佳配乐获得者、获过奖的中国电影及其获得的奖项、"卧虎藏龙"的所有角色关系的示意图.

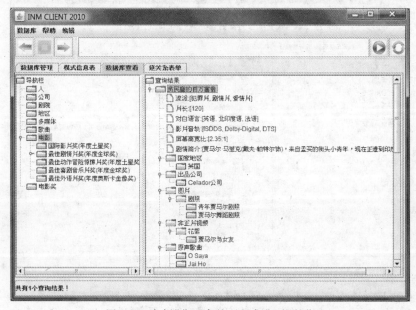

图 6.9 实例"贫民窟的百万富翁"的浏览

(6) 逆关系的浏览,显示数据库中所有关系及其逆关系,如图 6.16 所示.

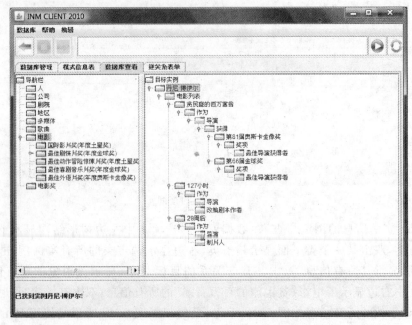

图 6.10　导演"丹尼·博伊尔"的浏览

图 6.11　查询"贫民窟的百万富翁"

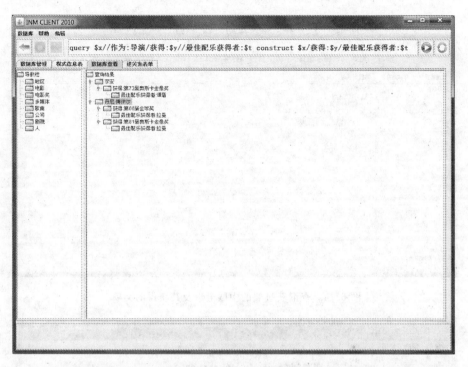

图 6.12　查询各个导演获得的奖项及该奖项的最佳配乐获得者

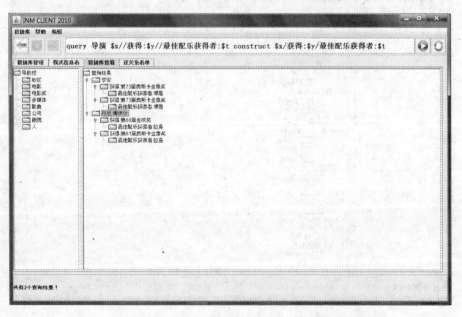

图 6.13　查询各个导演获得的奖项及该奖项的最佳配乐获得者

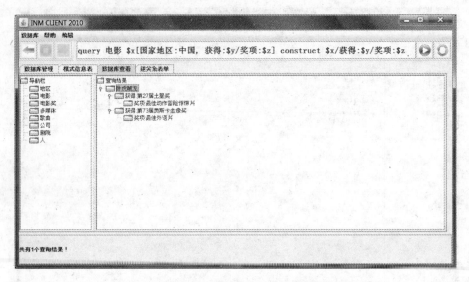

图 6.14　查询获过奖的中国电影及其获得的奖项

图 6.15　查询"卧虎藏龙"的所有角色关系

图 6.16 逆关系浏览

参 考 文 献

[1] E Codd. A Relational Model of Data for Large Shared Data Banks. Comm. ACM. 1970, 13(6):377—397

[2] E F Codd. A Database Sublanguage Founded on the Relational Calculus. Proceedings of 1971 ACM - SIGFIDET Workshop on Data Description, Access and Control. San Diego, California, 1971:35—68

[3] E F Codd. Further Normalization of the Data BaseRelational Model. IBM Research Report, San Jose, California. 1971, RJ909

[4] E F Codd. Extending the Database RelationalModelto Capture more Meaning. ACM Transaction On Database Systems(TODS). 1979,4(4)

[5] E F Codd. Derivability, Redundancy and Cojstency ofRelations Stored in Large Data Banks. ACM SIGMOD Record. 2009,38(1):17—36

[6] P P Chen. The Entity-relationship Model-Toward a Unified View of Data. ACM Transaction On Database Systems(TODS). 1976,1(1):9—36

[7] P P Chen, S B Yao. Design and Performance Tools for Data Base Systems. Proceedings of the Third International ConferenceonVery Large Data Bases(VLDB). Tokyo, Japan, 1977: 3—15

[8] P P Chen. TheEntity-relationshipModel:A Basis for the Enterprise View of Data. American Federation ofInformation Processing Societies: 1977 National Computer Conference (AFIPS). Dallas, Texas, USA, 1977:77—84

[9] P P Chen. Recent Literature on the Entity-relationship Approach. Proceedings of the 1st International Conference on the Entity-Relationship Approach(ER). 1979:3—12

[10] P P Chen, J Akoka. Optimal Design of Distributed Information Systems. IEEE Transaction Computers. 1980,29(12):1068—1080

[11] P Atzeni, P. P. Chen. Completeness of Query Languages for the Entity-relationship Model. Proceedings of the Second International Conference on the Entity-Relationship Approach(ER). Washington D. C. , USA, 1981:109—122

[12] H Sakai. Entity-relationship Approach to Logical Database Design. Proceedings of the 3rd International Conference on the Entity-Relationship Approach(ER). 1983:155—188

[13] P P Chen. An Algebra for a Directional Binary Entity-relationship Model. Proceedings of the First International Conference on Data Engineering(ICDE). Los Angeles, California,

USA,1984:37—40

[14] P P Chen, M rui Li. The Lattice Structure of Entity Set. Proceedings of the Fifth International Conference on the Entity-Relationship Approach(ER). Dijon, France,1986: 217-229

[15] P P Chen. English, Chinese and Er Diagrams. Data & Knowledge Engineering. 1997, 23(1):5-16

[16] G Schiffner, P Scheuermann. Multiple Views and Abstractions with an Extendedentity-relationship Model. Comput. Lang. 1979,4(3-4):139—154

[17] P De, A Sen, E Gudes. An Extended Entity-relationship Model with Multi Level External Views. Proceedings of the Second International Conference on the Entity-Relationship Approach(ER). Washington D. C. , USA,1981:455—472

[18] S B Navathe, A Cheng. A Methodology for Database Schema Mapping from Extended Entity-relationship Models Into the Hierarchical Model. Proceedings of the 3rd International Conference on the Entity-Relationship Approach(ER). 1983:223—248

[19] M Junet, G Falquet, M. L'eonard. Ecrins/86: AnExtended Entity-relationship Data Base Management System andItsSemantic Query Language. Proceedings of the Twelfth International Conference on Very Large DataBases(VLDB). Kyoto, Japan,1986:259—266

[20] T J Teorey, D Yang, J. P. Fry. A Logical Design Methodology for Relational Databases Using the Extended Entity-relationship Model. ACM Computing Surveys. 1986,18(2): 197-222

[21] B D Czejdo, R Elmasri, M. Rusinkiewicz, et al. An Algebraic Language for Graphical Query FormulationUsinganExtended Entity - relationship Model. Proceedings of ACM Conference on Computer Science. St. Louis, Missouri, USA,1987:154—161

[22] B D Czejdo, et al. Semantics of Update Operations for an Extended Entity-relationship Model. Proceedings of ACM Conference on Computer Science. Atlanta, Georgia, USA, 1988:178—187

[23] U Hohenstein, M Gogolla. A Calculus for an Extended Entity-relationship Model Incorporating Arbitrary Data Operations and Aggregate Functions. Proceedings of the Seventh International Conference on Enity-Relationship Approach (ER). Rome, Italy, 1988:129—148

[24] V M Markowitz, A Shoshani. On the Correctness of Representing Extended Entity-relationship Structures in the Relational Model. Proceedings of the 1989 ACM SIGMOD International Conference on Management of Data. Portland, Oregon,1989:430—439

[25] V M Markowitz, J A Makowsky. Identifying Extended Entity-relationship Object Structures in Relational Schemas. IEEE Transactions on Software Engineering. 1990, 16(8):777—790

[26] B D Czejdo, et al. A Graphical Data Manipulation Language for an Extended Entity-

relationship Model. IEEE Computer. 1990,23(3):26—36

[27] M Gogolla,U Hohenstein. Towards a Semantic View of an Extended Entity-relationship Model. ACM Transaction on Database Systems(TODS). 1991,16(3):369—416

[28] V M Markowitz, A Shoshani. Representing Extended Entity-relationship Structures in Relational Databases: A Modular Approach. ACM Transaction on Database Systems (TODS). 1992,17(3):423—464

[29] B D Czejdo, D W Embley, M Rusinkiewicz. View Updates foran Extended Entity-relationship Model. Inf. Sci. 1992,62(1-2):41—64

[30] T Hadzilacos, N Tryfona. An ExtendedEntity-relationship Model for Geographic Applications. ACM SIGMOD Record. 1997,26(3):24—29

[31] R Missaoui, R Godin, J-M. Gagnon. Mapping an Extended Entity-relationship Into a Schema of Complex Objects. Advances in Object-Oriented Data Modeling,2000. 107—130

[32] A Artale, et al. Reasoning Over Extended Er Models. Proceedings of the 26th InternationalConference on Conceptual Modeling(ER). Auckland, New Zealand, 2007: 277—292

[33] P Scheue rmann,G Schiffner,H Weber. Abstraction Capabilities and Invariant Properties ModellingWithIntheEntity -relationship Approach. Proceedings of the 1st International Conference ontheEntity-Relationship Approach(ER). 1979:121—140

[34] R Elmasri,J A Weeldreyer,A R Hevner. The Category Concept: An Extension to the Entity-relationship Model. Data & Knowledge Engineering. 1985,1(1):75—116

[35] T W Ling. A Normal Form for Entity-relationship Diagrams. Proceedings of the Fourth International Conference on Entity-Relationship Approach(ER). Chicago, Illinois, USA, 1985:24—35

[36] M Lenzerini, G Santucci. Cardinality ConstraInts in the Entity-relationship Model. Proceedings of the 3rd International Conference on Entity-Relationship Approach(ER). New York,1983:529—549

[37] O Oren. Integrity ConstraInts in the Conceptual Schema Language Sysdoc. Proceedings of the Fourth International Conference on Entity-Relationship Approach (ER). Chicago, Illinois,USA,1985:288—294

[38] L KERSCHBERG, J E S PACHECO. A Functional Data Base Model. Tech. rep. , Pontificia Univ,1976

[39] D W Shipman. The Functional Data Model and the Data Language Daplex. ACM Transaction on Database Systems(TODS). 1981,6(1):140—173

[40] U Dayal, H-Y. Hwang. View Definition and Generalization for Database Integration in a Multidatabase System. IEEE Transactions on Software Engineering. 1984, 10 (6): 628—645

[41] M Hammer,D McLeod. The Semantic Data Model:A Modeling Mechanism for Data Base

Applications. Proceedings of the 1978 ACM SIGMOD International conference on management of data. 1978

［42］ M Hammer，D McLeod. Database Description with Sdm：ASemantic Database Model. ACM Transaction on Database Systems(TODS). 1981,6(3):351—386

［43］ J Banerjee，et al. Semanticsand Implementation of Schema Evolution in Object-oriented Databases. Proceedings of the Association for Computing Machinery Special Interest Group on Management of Data 1987 Annual Conference. San Francisco,California,1987: 311—322

［44］ D H Fishman, et al. Iris：An Object-oriented Database Management System. ACM Transactions on Information Systems(TOIS). 1987,5(1):48—69

［45］ J Banerjee,et al. Data Model Issues for Object-oriented Applications. ACM Transactions on Information Systems(TOIS). 1987,5(1):3—26

［46］ M Schrefl, E J Neuhold. Object Class Definition by Generalization Using Upward Inheritance. Proceedings of the Fourth International Conference on Data Engineering (ICDE). Los Angeles,California,USA,1988:4—13

［47］ Q Li, D McLeod. ObjectFlavor Evolution in an Object-oriented Database System. Proceedings of the ACM SIGOIS and IEEECS TC - OA 1988 conference on Office information systems. Palo Alto,California,United States,1988:265—275

［48］ E Sciore. Object Specialization. ACM Transaction on Office Information Systems. 1989, 7(2):103—122

［49］ D D K D D M M P Atkinson,F Bancilhon,S B Zdonik. The Object-oriented Database System Manifesto. Proceedings of the 1990 ACM SIGMOD International Conference on Management of Data. Atlantic,NJ,1990:395

［50］ G Gottlob,G Kappel,M Schrefl. Semantics of Object-oriented Data Models-the Evolving Algebra Approach. East/West Database Workshop. 1990:144—160

［51］ S Abiteboul,A Bonner. Objects and Views. Proceedings of the 1991 ACM SIGMOD International conference on Management of data. Denver,Colorado,1991:238—247

［52］ G Decorte,et al. An Object-oriented Model for Capturing Data Semantics. Proceedings of the Eighth International Conference on Data Engineering(ICDE). Tempe,Arizona,1992: 126—135

［53］ S B Navathe. Evolution of Data Modeling for Databases. Communications of the ACM. 1992,35(9):112—123

［54］ E Odberg. Category Classes：flexible Classification and Evolution in Object-oriented Databases. Proceedings of the 6th International Conference on Advanced Information Systems Engineering(CAiSE). Utrecht,The Neterlands,1994:406—420

［55］ E Bertino,G Guerrini. Objects with Multiple Most Specific Classes. Proceedings of the 9th European Conference on Object-Oriented Programming (ECOOP). Aarhus, Denmark,

1995:102—126

[56] C Bolchini,et al. A Data-orientedSurvey of Context Models. ACM SIGMOD Record. 2007,
36(4):19—26

[57] J Richardson,I Schwartz. Aspects:Extending Objects to SupportMultiple,Independent
Roles. Proceedings of the 1991ACM SIGMO D International Conference on Management
of Data. Denver,Colorado,1991:298—307

[58] A Albano,et al. An Object Data Model with Roles. Proceedings of the 19th International
Conference on Very Large Data Bases(VLDB). Dublin,Ireland,1993:39—51

[59] F L R K Wong,H L Chau. A Data Model and Semantics of Objects with Dynamic Roles.
Proceedings of the Thirteenth International Conference on Data Engineering (ICDE).
Birmingham U. K. ,1997:402—411

[60] J Su. DynamicConstraInts and Object Migration. Proceedings of the 17th International
Conference on Very LargeData Bases(VLDB). Barcelona,Catalonia,Spain,1991:233—242

[61] R Wieringa, W de Jonge, P Spruit. Roles and Dynamic Subclasses:A Modal Logic
Approach. Proceedings of European Conference on Object-Oriented Programming
(ECOOP). Bologna,Italy,1994:32—59

[62] R J Wieringa,W D Jonge,P Spruit. Using Dynamic Classes and Role Classes to Model
Object Migration. Theory and Practice of Object Systems. 1995,1(1):61—83

[63] G Gottlob,M Schrefl,B Röck. Extending Object-oriented Systems with Roles. ACM
Transactions on Information Systems(TOIS). 1996,14(3):268—296

[64] W W Chu,G Zhang. Associations and Roles in Object-oriented Modeling. Proceedings of
the 16th International Conference on Conceptual Modeling(ER). Los Angeles,California,
1997:257—270

[65] M P Papazoglou,B Krämer. A Database Model for Object Dynamics. The International
Journal on Very Large Data Bases. 1997,6(2):73—96

[66] R Peters,M T Özsu. An Axiomatic Model of Dynamic Schema Evolution in Objectbase
Systems. ACM Transactions on Database Systems(TODS). 1997,22(1):75—114

[67] F Steimann. On the Representation of Roles in Object-oriented and Conceptual Modelling.
Data & Knowledge Engineering. 2000,35(1):83—106

[68] M Dahchour, A Pirotte, E Zimányi. A Generic Role Model for Dynamic Objects.
Proceedings of the 14th International Conference on Advanced Information Systems
Engineering(CAiSE). Toronto,Ontario,Canada,2002:643—658

[69] S Coulondre, T Libourel. An Integrated Object-role Oriented Database Model. Data &
Knowledge Engineering. 2002,42(1):113—141

[70] A P M Dahchour,E Zimányi. A Role Modeland ItsMetaclass Implementation. Information
Systems. 2004,29(3):235—270

[71] J Cabot,R Raventós. Roles as EntityTypes:AConceptualModelling Pattern. Proceedings of

the 23rd InternationalConference on ConceptualModeling(ER). Shanghai, China, 2004:
69—82

[72] ization oftheBinary Object-role Model. Proceedings of ORM. Magnetic Island, Australia,
1994:28-44

[73] G H W M Bronts,et al. A Unifying Object Role Modelling Theory. Information Systems.
1995,20(3):213—235

[74] O D Troyer. A Fomalization of the Binary Object-role Model Based on Logic. Data &
Knowledge Engineering. 1996,19(1):1—37

[75] T A Halpin. A Fact-oriented Approach to Business Rules. Proceedings of ER. 2000:582—
583

[76] T A Halpin, G Wagner. Modeling Reactive Behavior in Orm. Proceedings of the 22nd
International Conference on Conceptual Modeling(ER)). 2003

[77] T A Halpin. Comparing Metamodels for Er,Orm and Uml Data Models. Advanced Topics
in Database Research,Vol. 3,2004. 23—44

[78] H A Proper,A I Bleker,S Hoppenbrouwers. Object-role Modeling as a Domain Modeling
Approach. Proceedings of Workshops in connection with The 16th Conference on
Advanced Information Systems Engineering(CAiSe). Riga,Latvia,2004:317—328

[79] F S-C Tseng, T-K Fan. Extending the Concepts of Object Role Modeling to Capture
Natural Language Semantics for Database Access. IASTED International Conference on
Databases and Applications,part of the 23rd Multi-Conference on Applied Informatics.
Innsbruck,Austria,2005:234—239

[80] M Jarrar. Towards Automated Reasoning on Orm Schemes. Proceedings of the 26th
International Conference on Conceptual Modeling(ER). New Zealand,2007:181—197

[81] Y Kambayashi,Z Peng. Object Deputy Model and Its Applications. Proceedings of the 4th
International Conference on Database Systems for Advanced Applications(DASFAA).
Singapore,1995:1—15

[82] Z Peng,Y Kambayashi. Deputy Mechanisms for Object-oriented Databases. Proceedings of
the Eleventh International Conference on DataEngineering(ICDE). Taipei,Taiwan,1995:
333—340

[83] Y Kambayashi,Z Peng. An Object DeputyModelforRealization of Flexible and Powerful
Objectbases. Journal of Systems Integration. 1996,6

[84] Z Peng, et al. UsingObjectDeputyModelto Prepare Data for Data Warehousing.
IEEETransactionsonKnowledge and Data Engineering. 2005,17(9):1274—1288

[85] M Liu,J Hu Modeling Complex Relationships. Proceedings of the 20th International
Conference on Database and Expert SystemsApplications(DEXA). Linz, Austria, 2009:
719—726

[86] J Hu, M Liu. ModelingContext-dependentInformation. Proceedings of the 18th ACM

conference on Information and knowledge management(CIKM). Hongkong, China, 2009: 1669—1672

[87] M Liu, J Hu. Information Networking Model. Proceedings of the 28th International Conference on Conceptual Modeling(ER). Gramdo, Brazil, 2009: 131—144

[88] M Liu, J Hu. Information Networking Model. Submitted to ACM Transactions on Database Systems(TODS): 47 Pages

[89] J Hu, M Liu. Information Networking Modeling Language. Proceedings of the 19th ACM conference on Information and knowledge management(CIKM). Toronto, Canada, 2010

[90] M Liu, J Hu. Information Networking Model Query Language. Submitted to ACM Transactions on Database Systems(TODS): 20 Pages

[91] J Hu, Q Fu, M Liu. Query Processing in Inm Database System. Proceedings of the 11th International Conference on Web-Age Information Management(WAIM). Jiuzhai Valley, China, 2010: 525—536

[92] J Hu, M Liu. Information Query Language. Submitted to Proceedings of the 3rd International Conference on Objects and Databases (ICOODB). Frankfurt am Main, Germany, 2010

[93] R Cattell, et al. (Editors) The Object Database Standard: Odmg 3. 0. Los Altos, CA: Morgan Kaufmann, 2000

[94] S Alagic. Type-checking Oql Queries in the Odmg Type Systems. ACM Transactions Database System. 1999, 24(3): 319—360

[95] A V Zamulin. Formal Semantics of the Odmg 3. 0 Object Query Language. ADBIS. Dresden, Germany, 2003: 293—307

[96] P Walmsley. Xquery. 1005 Gravenstein Highway North, Sebastopol, CA 95472: O'Reilly Media, Inc. , 2007

[97] W3c Xml Query. http://www. w3. org/XML/Query/

[98] P Fankhauser. Xquery Formal Semantics: State and Challenges. SIGMOD Record. 2001, 30(3): 14—19

[99] D D Chamberlin. Xquery: A QueryLanguage for Xml. Proceedings of the 2003 ACM SIGMOD International ConferenceonManagementofData. San Diego, California, USA, 2003: 68—2

[100] S Pal, et al. XqueryImplementation in a Relational Database System. Proceedings of the 31st International Conference on Very Large Data Bases(VLDB). Trondheim, Norway, 2005: 1175—1186

[101] N Onose, et al. Rewriting Nested Xml Queries Using Nested Views. Proceedings of the 2006 ACM SIGMOD International Conference on Management of Data. Chicago, Illinois, USA, 2006: 443—454

[102] B Gueni, et al. Pruning Nested Xquery Queries. Proceedings of the 17th ACM Conference

on Information and Knowledge Management (CIKM). Napa Valley, California, USA, 2008:541—550

[103] S Cohen, M Shiloach. Flexible Xml Querying Using Skyline Semantics. Proceedings of the 25th International Conference on Data Engineering (ICDE). Shanghai, China, 2009: 553—564

[104] Xml Path Language. http://www. w3. org/TR/xpath20/

[105] A Malhotra, J Melton, N Walsh. XQuery 1. 0 and Xpath 2. 0 Functions and Operators. Tech. rep., World Wide Web Consortium, http://www. w3. org/TR/xpath-functions/,2006

[106] M Benedikt, W Fan, F Geerts. Xpath Satisfiability in the Presence of Dtds. Journal of the ACM. 2008,55(2):1—79

[107] B ten Cate, L Segoufin. Xpath, Transitive Closure Logic, and Nested Tree Walking Automata. Proceedings of the Twenty-Seventh ACM SIGMOD-SIGACT-SIGART Symposium on Principles of Database Systems (PODS). Vancouver, BC, Canada, 2008: 251—260

[108] M Benedikt, C Koch. Xpath Leashed. ACM Computing Surveys. 2008,41(1)

[109] M Fernandez, et al. XQuery 1. 0 and Xpath 2. 0 Data Model (xdm). Tech. rep., World Wide Web Consortium, http://www. w3. org/TR/xpathdatamodel/,2006

[110] D D Chamberlin, J Robie, D Florescu. Quilt: An Xml Query Language for Heterogeneous Data Sources. Proceedings of the 3th International Workshop on The World Wide Web and Databases (WebDB Selected Papers). 2000

[111] A Deutsch, et al. A Query Languagefor Xml. Computer Networks. 1999, 31 (11-16): 1155—1169

[112] A Bonifati, S Ceri. Comparative Analysis of Five Xml Query Languages. SIGMOD Record. 2000,29(1):68—79

[113] S Boag, et al. XQuery 1. 0: An Xml Query Language. Tech. rep., World WideWeb Consortium, http://www. w3. org/TR/2007/REC-xquery20070123,2007

[114] H Ishikawa, K Kubota, Y Kanemasa. Xql: A Query Language for Xml Data. QL. 1998

[115] J Robie, J Lapp, D Schach. Xml Query Language(xql). QL. 1998

[116] E Derksen, et al. xql(xml Query Language). Tech rep., world wide web Consortium, http://www. ibibio. org/xql/xql-proposal. html,1999

[117] S Cluet, J. Simeon. YATL: a Functional and Declarative Language for Xml. http://db. bell-labs. com/user/simeon/icfp. ps,2000

[118] R H Güting. Graphdb: Modeling and Querying Graphs in Databases. Proceedings of 20th International Conference on Very Large Data Bases (VLDB). Santiago de Chile, Chile, 1994:297—308

[119] L Sheng, Z M. Özsoyoglu, G. Özsoyoglu. A Graph Query Language and Its Query

Processing. Proceedings of the 15th International Conference on Data Engineering (ICDE). Sydney, Austrialia, 1999:572—581

[120] T Lee, et al. Querying Multimedia Presentations Based on Content. IEEE Trans. Knowl. Data Eng. 1999,11(3):361—385

[121] H He, A K. Singh. Graphs-at-a-time: Query Language and Access Methods for Graph Databases. Proceedings of the 2008 ACM SIGMOD International conference on Management of data. Vancouver, BC, Canada, 2008:405—418

[122] S Baratella. A Modal Approach to Negation as Failure Rule. J. Log. Comput. 1994,4(4): 359—373

[123] 江智睿. CSM 数据库管理系统存储子系统的设计与实现. 武汉大学, Master's thesis. 2010

[124] M A Olson, K Bostic, M Seltzer. Berkeley DB. Proceeding of USENIX Annual Technical Conference, 1999,183~192.

[125] 金蓓弘, 冯玉琳. 对象库中的物理存贮重组技术. 计算机科学, 1997,2.5—9

[126] 杨治, 鞠时光. 基于 SAX 的 XML 数据结构聚簇存储方法. 计算机工程, 2008, 34(18): 72—74

[127] 袁霖, 邹恒明, 李战怀. 一个面向 OLAP 的多维层次聚簇存储模式. 计算机科学, 2007, 34(9), :110—113, 124

[128] 熊伟, 戴果. 基于 flex 和 bison 的编译器开发. 中国学术期刊网络出版总库, 2004, 1

附录 IQL 的 BNF

Query	::=	"query"[class]QE{"," QE}["contruct"Construction]
QE	::=	Positive|Negative|Quantification|Comparison
Positive	::=	ObjPro|ClassObjPro|ISA
ObjPro	::=	Name[Tuple]
Name	::=	name|Var
name	::=	String|""" string """
Var	::=	"$" string
Tuple	::=	("/"|"//")PathElem|"["["//"]PathElem{","["//"]PathElem }"]"| ("/"|"//")[Type]Var
PathElem	::=	Element|RoleRel
Element	::=	Name ":" ValueList
ValueList	::=	Value|"{" Value{"," Value}"}"
Value	::=	(Name|Name"." Name)[Tuple]
RoleRel	::=	SRoleRel|HRoleRel
SRoleRel	::=	name[Tuple]":"["∗"]OPList
HRoleRel	::=	SRoleRel "→"["∗"]RoleRelList
RoleRelList	::=	RoleRel|"{" RoleRel{"," RoleRel}"}"
OPList	::=	ObjPro|"{" ObjPro{"," ObjPro}"}"
Type	::=	AType|RType
AType	::=	["normal"|"cd"]"@"|"rel"
RType	::=	["normal"|"cd"]"#"|"role"|"context"|"c−d−i"|"rolename"
ClassObjPro	::=	NameList ObjPro
NameList	::=	name|Var|"{" name{"," name}"}"

ISA	::=	Name "isa" NameLis
Negative	::=	"not" Positive
Quantication	::=	"(" "foreach" Var{"," Var} "in" Positive{"," Positive}")" "(" QE ")"
Comparison	::=	(Name | Aggregate) OP (Name | Aggregate)
OP	::=	"="|"<"|"≤"|">"|"≥"|"□="
Aggregate	::=	("count"|"avg"|"sum"|"max"|"min")")"("Var")"
Construction	::=	ValueT	ProT	TupleT	ContextT
ValueT	::=	name	Var[orderBy]
ProT	::=	Name ":"(ValueT | ContextT)
TupleT	::=	"["(ProT | ContextT | Aggregate){","(ProT | ContextT | Aggregate)}"]"
ContextT	::=	["("name{"," name}")"] Var[orderBy](TupleT|"[ ]"|"/"(ProT | ContextT | Aggregate))
OrderBy	::=	"order by"((Var | Aggregate)["desc"|"asc"] | (Var | Aggregate)["desc"|"asc"]{","(Var | Aggregate)["desc"|"asc"]})